Familienbande

Herausgegeben von Claudio Gallio

BASTEI LÜBBE

Aus der Reihe *Familienbande* sind bei Bastei Lübbe Taschenbücher lieferbar:

61516 Die Krupps
61517 Die Wagners
61526 Die Kennedys
61527 Die Fondas
61537 Die Allendes
61538 Die Guccis
61550 Die Quandts
61563 Die Burdas

Über den Autor:

Vito Avantario, Kulturwissenschaftler, Journalist und Autor, wurde 1965 in Hamburg geboren. Seine Kolumnen, Interviews und Reportagen erschienen in der *Financial Times Deutschland*, dem *Tagesspiegel*, der *Frankfurter Rundschau*, dem Magazin der *Süddeutschen Zeitung*, der Wochenzeitung *Die Woche* und dem Wirtschaftsmagazin *Brand Eins*. Nach Reisen durch Italien und Japan und Aufenthalten in Sao Paulo und New York lebt und schreibt er zurzeit wieder in seiner Geburtsstadt.

Vito Avantario

Die Agnellis

Die heimlichen Herrscher Italiens

BASTEI LÜBBE

BASTEI LÜBBE TASCHENBUCH
Band 61562

1. Auflage: März 2005

Aktualisierte Taschenbuchausgabe

Bastei Lübbe Taschenbücher ist ein Imprint
der Verlagsgruppe Lübbe

Lizenzausgabe:
Verlagsgruppe Lübbe GmbH & Co. KG,
Bergisch Gladbach
Einbandgestaltung: Tanja Østlyngen
Titelbild: Ullstein Bilderdienst, dpa/SV-Bilderdienst (Autos)
Satz: Presse- und Verlagsservice, Erding
Druck und Verarbeitung: Ebner & Spiegel, Ulm
Printed in Germany
ISBN 3-404-61562-X

Meiner Familie

Inhalt

Prolog

Die Geschichte der Familie Agnelli ist die Geschichte von Gewinnern. Doch dort, wo es Sieger gibt, sind auch Verlierer nicht weit. Beginnen wir also mit dem, wohin sich die Verlierer einer Familie häufig stürzen, wenn sie die Erblast der Gewinner nicht länger ertragen können: Beginnen wir mit dem Tod.

Edoardo Agnelli ist wie immer früh am Morgen erwacht. Er ist im Schlafanzug ans Fenster getreten, so wie er es jeden Morgen tat, weil er das Naturschauspiel am Himmel liebte. Auch in dieser Nacht hatte er unruhig geschlafen wie so oft in den letzten Wochen. Ein Gedanke quälte ihn schon lange – doch geredet hatte er mit niemandem darüber. Ein Freund sagte später der Polizei, Edoardo hätte ihn am Vormittag angerufen. Dabei hätte er entspannt gewirkt. Sie hatten sich für den Nachmittag verabredet.

Als die Polizei das Auto von Edoardo Agnelli findet, läuft der Motor noch. Die Fahrertür ist weit geöffnet. Der Sohn des mächtigsten italienischen Großindustriellen, Giovanni Agnelli II., genannt Gianni, ist gegen 7.15 Uhr in seinen Fiat Croma gestiegen. Von Turin aus ist er in Richtung Savona, südwestlich von Genua an der Küste Liguriens gelegen, gefahren. Seelenruhig hatte er einige Gespräche von seinem Mobiltelefon aus geführt, unter anderem mit einigen alten Freunden. Von diesen hatte Edoardo seinen Spitznamen erhalten. Sie nannten ihn »Crazy Eddie« – vielleicht, weil er so gar nicht der Vorstellung von einem Industriellensohn entsprach. 1985 hatte er zuletzt Ambitionen gezeigt, die Nachfolge seines Vaters anzutreten. Irgendwann gab er dann auf. Zuletzt hatte er keine Anstalten mehr gemacht, das Leben, das seine Familie für ihn ausgewählt hatte, überzustreifen.

Weder hatte er Interesse an den Geschäften noch an dem Erbe, das das Wirtschaftsmagazin *FORBES* im Juni 2000 auf rund fünf Milliarden Euro taxierte. Edoardo verachtete den Kapitalismus. Daraus hatte er zuletzt auch in Interviews keinen Hehl gemacht. Geld hielt er für so etwas wie die Notdurft von Kapitalisten, die dem Zwang unterliegen, Gewinne machen zu müssen, und die durch ihre Maximierungsmentalität die Welt mit Gier und Neid und Korruption verseuchen.

Anstatt sich mit Wirtschaftsfragen und Geldangelegenheiten zu beschäftigen, brütete Edoardo Agnelli lieber über die Natur des Kosmos und des Menschen. Auf der Suche nach sich selbst und dem, was die Welt im Innersten zusammenhält, reiste er durch Indien und Afrika. In Kenia wurde er festgenommen, weil er 300 Gramm Heroin bei sich trug. Spätestens, nachdem ihn seine Familie durch diplomatisches Geschick 1990 aus dem Gefängnis befreit und nach Italien zurückgeholt hatte, dürfte ihn sein Vater endgültig als Erben des Familienimperiums abgeschrieben haben.

Bereits in den Jahren zuvor hatte sich Edoardo immer wieder ins Abseits geredet, wenn er nach der Familie und ihrem Wirtschaftsimperium gefragt wurde. Seine Haltung zum Geld erinnerte an die Predigten eines berühmten Bettelmönches. Das kam nicht von ungefähr: Edoardo Agnelli war ein gläubiger Mann und Anhänger des Franziskanerordens. Franz von Assisi gründete den Glaubensbund, nachdem er mit seinem Vater gebrochen hatte, weil er nicht das elterliche Unternehmen übernehmen wollte. Später scharten sich Freunde um ihn, sie nannten sich die »minderen Brüder«. Als Wanderprediger zogen sie umher und verkündeten die Botschaft Gottes. 1223 bestätigte Papst Honorius III. den Orden. 1226 starb Franz von Assisi.

Mittwoch, der 15. November 2000, 10.30 Uhr: Die Autobahnwacht findet die Leiche von Edoardo Agnelli unter dem Viadukt Fossano. An seinem Auto entdeckt die Polizei keine Spuren eines

Unfalls, auch die Leitplanken weisen keine Schäden auf. Edoardo Agnelli, so scheint es, hatte seinen Wagen in aller Gemütsruhe zum Stehen gebracht. Dann war er über das Geländer der Brücke gestiegen und hatte sich 80 Meter in die Tiefe gestürzt. Die Polizei findet in seinen Taschen keinen Abschiedsbrief, nur seinen Führerschein. Edoardo Agnelli trägt an jenem Morgen eine graue Kordjacke, darunter seinen Pyjama.

Am folgenden Tag überschlagen sich in Italien die Zeitungen mit Nachrichten über den plötzlichen Tod des Agnelli-Erben. Nicht nur für die Klatschpresse, auch für die bürgerlichen Medien ist der Tod des Kronprinzen der mächtigsten Familie Italiens ein gefundenes Fressen für Spekulationen. Wie konnte es zu dem tragischen Vorfall kommen? Welche Schuld trägt der mächtige Vater an dem Selbstmord des depressiven Sohnes? Warum ist die Familie Agnelli seit jeher Opfer so vieler Schicksalsschläge? Was bedeutet der Tod des Kronprinzen für den italienischen Familienkapitalismus? Wer wird die Dynastie in die dritte Generation führen? Wird sich nun der einzige italienische Automobilhersteller zu einem gesichtslosen Multi verwandeln, wie Coca-Cola, Nestlé, IBM oder General Motors?

Der unerwartete Tod ist ein vertrauter Gefährte der Agnellis. Doch kein Tod hat die Familie so sehr ins Mark getroffen, wie der von Edoardo Agnelli – niemand aus der Familie war bisher freiwillig aus dem Leben geschieden.

Eine Woche nach dem Freitod findet die Trauerfeier auf dem Stammsitz der Familie in dem Ort Villar Perosa statt. Sie dauert eine Stunde. Nur die engsten Freunde Edoardos und der Familie sind auf dem Anwesen versammelt. Die unauffällig auftretende Leibwache hat das Gebiet um das Anwesen herum unter Kontrolle. Einige Fotografen haben sich in sicherer Entfernung mit ihren Teleobjektiven platziert. Am nächsten Tag zeigen ihre Fotos den ergrauten Vater Gianni, wie er sich mit dem rechten Arm auf seinen Stock stützt und mit dem linken am Unterarm seiner Ehefrau Marella Caracciolo di Castagneto. Die Mutter hatte sich zum Zeitpunkt des Todes ihres Sohnes in New York aufgehalten, der zweiten Heimat der Familie.

Vater Gianni, Sohn Edoardo: Dort, wo es Sieger gibt in einer Familie, sind Verlierer nicht weit.

Ein anderes Bild zeigt Umberto, den Bruder Giannis, und Schwester Susanna. Beide blicken zu Boden, als sie in die neoklassizistische Kapelle von Villar Perosa schreiten. Ihre Rücken sind von der Last der Trauer gebeugt, ihre Gesichter vom Schock des Todes gezeichnet. Dann ist da noch John Elkann, einer von Edoardos Neffen und – wie sich später herausstellen wird – designierter Nachfolger Gianni Agnellis als Familienoberhaupt. Seine Mutter Margherita ist Edoardos Schwester. Sie ist aus Paris angereist, wo sie seit Jahren ihren Lebensmittelpunkt hat.

Gianni Agnelli weint. Immer wieder laufen ihm die Tränen über das Gesicht. Noch nie zuvor ist das öffentlich passiert. Die Zeitungen berichten am Tag nach der Bestattung, Gianni Agnelli habe gewimmert: »Mein Sohn, mein armer Sohn …«

Nach der Totenmesse um 11.30 Uhr wird Edoardos Sarg aus der Kapelle getragen. Es regnet. Ein Meer von Kränzen liegt vor dem Einlass, darunter einer des Staatspräsidenten Carlo Azeglio Ciampi, ein anderer von der Bevölkerung von Villar Perosa und ein Kranz der FIAT-Belegschaft mit blauer Schleife. Im FIAT-Werk, nur wenige Kilometer entfernt, ruht im Gedenken an Edoardo in diesem Augenblick die Arbeit.

Edoardo wird im Familiengrab bestattet. Hier ruhen bereits der FIAT-Gründer Giovanni I., dessen Ehefrau Clara, deren Sohn Edoardo – Vater von Gianni – und einer von Giannis Brüdern, Giorgio.

Nach der Beisetzung zieht sich die Familie ins Haus zurück. Draußen scheint es, als ginge das Leben normal weiter: Ein Gärtner fährt auf einem kleinen Trecker über die weichen Wiesen des Anwesens, um dann die Herbstblätter zusammenzuharken.

Die alte Straße, die hinauf nach Villar Perosa führt, wird von einigen Polizeiautos bewacht. Die Beamten schweigen und sind in sich versunken. Neugierige Besucher müssen sie nicht abwimmeln. Es gibt keine. Zwischen Pinerolo und Sestriere liegt das Anwesen der Familie, etwa 50 Kilometer von Turin entfernt, 530 Meter über dem Meeresspiegel. Hier oben riecht die Luft nach Thymian und Rosmarin, und an klaren Tagen sieht man Bussarde durch ihr Revier fliegen. Vor dem Rathaus von Villar Perosa thront eine bronzene Statue. Sie erinnert an den Gründer des größten italienischen Automobilherstellers FIAT.

Nicht weit davon entfernt sitzen jeden Abend die immer gleichen vier alten Herren auf einer Parkbank und reden über die immer gleichen Dinge: den letzten Spieltag der Seria A, die Korruption in Italien, die Schönheit der Natur – oder über die Ambitionen des Mannes, der später italienischer Ministerpräsident werden wird, Silvio Berlusconi.

An diesem Novembertag jedoch reden sie wenig, und wenn sie es tun, dann fallen magere Worte über das Drama der Dynastie, die für sie so etwas wie die italienische Königsfamilie ist. »Der Schmerz macht auch nicht vor den Mächtigen und Reichen halt«, sagt der eine, während die anderen drei nicken und sich weiter in Schweigen hüllen.

Die alten Herren, die dort mitten in Villar Perosa sitzen, sind vier der rund 4 000 Einwohner des idyllischen Ortes in den Bergen des Piemonts. Am Ortseingang begrüßt ein Schild die Besucher: »Der Mensch prägt die Zeit, die Zeit prägt den Menschen.«

Die Familie, die das gesamte 20. Jahrhundert Italien vor allem wirtschaftlich prägte, hält hier ihr Anwesen. Die alten Männer reden nicht gern über die Agnellis – ganz einfach deswegen, weil man nicht des Tratschens verdächtigt werden möchte: »Wenn Sie über die Agnellis schreiben wollen«, erklärt der eine, »müssen Sie sich eine Erlaubnis von der Familie holen.« Die anderen drei tun so, als hörten sie weg und wenden sich ihren flanierenden Familien zu, die an diesem Sonntag, wie jede Woche, in der Kirche San Pietro die Messe besucht haben. Sie ist eines von zwei Gotteshäusern im Ort, beide wurden mit dem Geld der Familie Agnelli restauriert.

Am Wochenende lässt sich das Familienoberhaupt aus dem stickigen Turin mit dem Helikopter ins frische Chisonetal herüberfliegen. An manchen Sonntagen besucht auch Gianni Agnelli die Messe. Danach plaudert er ein wenig mit den anderen Besuchern. Dabei tritt er als ein ganz normaler Bewohner des Ortes auf, erzählt man sich hier.

Wie heute für Gianni war das Dorf im Val Chisone auch für seinen Großvater Giovanni Agnelli I. so etwas wie ein Zufluchtsort. Villar Perosa ist die Lunge und das Herz der Familie. Hier, weit weg vom tobenden Konkurrenzkampf auf dem globalen Automobilmarkt, finden die Agnellis seit jeher Ruhe und Besinnung. In Villar Perosa finden Familienessen statt, bei denen wichtige Entscheidungen getroffen werden, die jede Familie dann und wann zu treffen hat. Auf ihrem Anwesen in Villar Perosa rückt die Familie Agnelli zusammen, wenn sie trauert, aber auch wenn sie feiert.

Giannis Urgroßvater Edoardo I., verstorben 1871, hatte das Grundstück der Familie Agnelli 1853 von den Erben des Grafen Piccone della Perosa erworben. Der Graf verlieh dem Ort den Namen, die Familie Agnelli jedoch prägte das Leben während des letzten Jahrhunderts in Villar Perosa. Fast jeder Dorfbewohner oder zumindest ein Mitglied jeder Familie im Laufe des letzten Jahrhunderts hat schon für eines der Unternehmen der Agnellis gearbeitet.

In der ganzen Welt steht der Name Agnelli für Geld, Macht und Glamour. Insbesondere für deutsche Ohren klingen italienische Namen häufig poetisch. Übersetzt man den Namen der Familie ins Deutsche, geht einiges von seinem Klang verloren, nicht aber seinen Zauber. Agnelli ist der Plural des italienischen Wortes *agnello*, und das bedeutet: Lamm.

TEIL EINS

Die alte Ordnung: 1830 bis 1945

1. Giovanni Agnelli – Die Pflicht ruft

Der Name Agnelli sagt alles über die Herkunft der Familie: Die Agnellis haben sich über die Jahrhunderte in die Machtetagen emporgedient – sie haben ebenso geschuftet, wie es heute die Tausende von Arbeitern und Angestellten tun, die für das weit verzweigte Firmenimperium der Familie tätig sind.

Zum ersten Mal taucht der Name Agnelli im Jahr 700 auf. Woher genau die Familie stammt, ist nicht bekannt, vermutlich aber entweder aus der Gegend um Neapel oder aus Mantua. Der erste Agnelli, der sich in die Geschichtsbücher eintrug, war Giannis Urgroßvater Edoardo. Er wurde um 1830 geboren und muss deshalb erwähnt werden, weil er der Vater des Mannes war, der die Agnelli-Dynastie schließlich begründete.

Edoardo Agnelli war zu seiner Zeit in der Umgebung von Villar Perosa ein angesehener Landwirt. Er war mit Aniceta Frisetti verheiratet. Auf seinem Hof züchtete er Seidenraupen und betrieb Viehzucht. Ihr einziger Sohn, Giovanni, wurde am 13. August 1866 geboren.

Nur wenige Jahre zuvor, 1860, war Giuseppe Garibaldi mit einem Heer von Freiwilligen von Genua aus mit einem Schiff nach Sizilien gezogen, um Süditalien von der tyrannischen Herrschaft der Großgrundbesitzer zu befreien. König Vittorio Emanuele II. und sein Minister Cavour rieten ihm zunächst davon ab, doch Garibaldi, der in Südamerika an verschiedenen Befreiungskriegen teilgenommen hatte, war kampferfahren. Sein Unternehmen, das zur Vereinigung Nord- und Süditaliens führen sollte, ging als »Impresa dei Mille« (Unternehmen der Tausend) in die italienische Nationalgeschichte ein.

1861 wurde das Vereinte Italienische Königreich ausgerufen. Der neue Staat war der Verfassung nach eine konstitutionelle Monarchie – der politischen Praxis nach aber ein parlamentarisches System, in dem die Regierung abtreten musste, wenn sie die Mehrheit verlor. Die Mitglieder der herrschenden Eliten gehörten allesamt den gehobenen Gesellschaftsschichten an. Sie waren trotz politischer Differenzen stark durch ihre Herkunft verbunden und vertraten demnach nur einen kleinen Teil der Bevölkerung.

In den Jahren nach der Staatsgründung wurden das aktive und das passive Wahlrecht nach und nach reformiert. Die ideologische Distanz zwischen Staat und bürgerlicher Gesellschaft wurde dadurch dennoch nicht geringer. Zwischen Süd- und Norditalien vergrößerte sich die soziale und wirtschaftliche Kluft sogar dann, als sich die Linke 1876 zur Macht aufschwang: Der Einfluss der Aristokratie und der Grundbesitzer verringerte sich zwar, die Regierung aber blieb in erster Linie eine Versammlung, die Entscheidungen für das Bürgertum fällte.

1865 wurde die Hauptstadt von Turin nach Florenz verlegt, 1871 erhielt dann Rom diese Funktion. Im gleichen Jahr starb Edoardo I. im Alter von nur 40 Jahren nach langer Krankheit. Kurz zuvor hatte er seiner Frau Aniceta seinen Wunsch mitgeteilt, den gemeinsamen Sohn nach der Schulausbildung auf die Militärakademie in Modena zu schicken. Verlässlich befolgte seine Ehefrau den Wunsch, denn sie wusste, eine erfolgreiche militärische Ausbildung würde ihren Jungen in die vom Vater ersehnten, aber selbst nie erreichten Kreise befördern.

1889 wurde Giovanni I. als Oberleutnant der Kavallerie aus der Akademie entlassen. An diesem Tag stieg die Familie Agnelli von der Schicht der Großgrundbesitzer in die Militärkaste auf und damit auch in die Schicht der politischen Repräsentanten und sozial Mächtigen. Die militärische Laufbahn, die Giovanni I. einschlug, sollte später Vorbild für die Ausbildung der Nachkömmlinge werden. Giovannis Sohn Edoardo wird ebenfalls die Militärakademie von Modena besuchen und wird zeitweise Anhänger der Faschisten sein.

Sein Enkel Gianni wird in der Armee dienen, im Zweiten Weltkrieg mit den italienischen Streitkräften in Russland einfallen und sich später der Resistenza anschließen, der antifaschistischen Widerstandsbewegung in Italien. Seinem jüngst verstorbenen Sohn Edoardo hätte Gianni eine ähnliche Ausbildung gewünscht: In einem Interview deutete er einmal seinen Unmut über die Entwicklung seines Jungen an. Die strenge Schule einer Militärakademie hätte das wackelige Gemüt seines Sohnes geradegerückt, sagte er.

Kurz nach seiner Entlassung von der Akademie heiratete Giovanni I. Clara Boselli. Sie war eine Frau, von der ihre Enkelin und spätere Außenministerin Italiens Susanna Agnelli sagt, sie sei häufig missgelaunt gewesen, habe Krankheiten vorgetäuscht und mit Vorliebe über andere Menschen getratscht. Nichtsdestotrotz war sie ihrem Mann eine treue und ihn in seinen Ambitionen als Unternehmer jederzeit bestärkende Person.

Nach seiner Entlassung aus der Akademie entdeckte Giovanni I. sein Interesse für das Ingenieurwesen und die Physik. In Verona richtete er eine kleine Werkstatt ein und entwickelte erste Motoren – bis die Werkstatt während eines seiner Experimente in die Luft flog. Er ließ sich von dem Rückschlag nicht entmutigen und siedelte 1891 mit seiner Arbeitsstätte nach Turin über. Parallel zu seinen Geschäften in der Stadt begann Giovanni I. mit der technologischen Modernisierung der Agrarunternehmen in Villar Perosa.

Das erste Industrieunternehmen, das der ehemalige Kavallerieoffizier Giovanni Agnelli gründete, hieß RIV und war eine Kugellagerfabrik. Heute heißt das Unternehmen SFK, nachdem es an schwedische Investoren verkauft wurde. Sobald er die Geschäfte der RIV zum Laufen gebracht hatte, beschäftigte Giovanni I. einen Gutsverwalter. Dieser sollte die Ländereien und Unternehmen in Villar Perosa führen, damit er selbst in Turin seinem Traum von einer eigenen Automobilfabrik nachgehen konnte.

In der Stadt wunderten sich immer mehr Fußgänger über die eigenartigen Fahrzeuge, mit denen vor allem Großbürger und Aristokraten umherfuhren. Etwa 100 Autos gab es 1898 in Turin, und das Caffè

Burello, das an der Ecke Corso Emanuele/Via Rattazzi lag, wurde zum Treffpunkt der neuen Schickeria. Dort zeigten sie ihre Fahrzeuge vor, rauchten Zigarillos und diskutierten über Chassis, Motoren und Karosserien. Genau hier lernte der 32-jährige Giovanni Agnelli den Grafen Biscaretti di Ruffia kennen, einen Mann, der für seine Vielseitigkeit in aristokratischen Kreisen hoch geschätzt wurde. Biscaretti war Maler, Musiker, Bergsteiger, Ingenieur und Politiker – und hatte zudem beste Kontakte zum Finanzwesen der Stadt.

Zu dem kleinen Kreis gesellte sich auch der Graf Emanuele Bricherasio di Cacherano. Wie Agnelli war auch er ehemaliger Kavallerieoffizier und zudem mit einer Schwäche für sozialistische Ideen ausgestattet. Er war der euphorischste unter den Männern, die sich hier regelmäßig trafen, um über die Zukunft des Automobils zu diskutieren. Dessen Familie sollte später Giovanni I. vorwerfen, er habe den Grafen aus der gemeinsamen Firma FIAT ausgebootet und ihm so einen Eintrag in die Annalen der italienischen Industriegeschichte verwehrt.

Dann waren da noch der Devisenhändler Luigi Damevino, der Bankier und Seidenhändler Michele Ceriana-Mayneri, der Grundbesitzer Lodovico Scarfiotti, der Graf Alfonso Ferrero di Ventimiglia, die Juristen Cesare Goria-Gatti und Carlo Racca.

Mitten in diesem erlauchten Kreis befand sich also Giovanni I. und philosophierte mit den einflussreichsten Männern der Stadt über die zwei wesentlichen Fragen des Lebens. Woher kommt der Mensch? Und wohin steuert die Welt?

In vielem waren sie sich uneinig, in einem aber sprachen sie mit einer Zunge: Im Zuge der Industrialisierung würde sich der Mensch immer schneller fortbewegen wollen. Und der Mensch, meinten die Männer, bräuchte folgerichtig ein Automobil.

Giovanni I. tat sich bei den Gesprächen besonders hervor, was die übrigen Männer im Caffè beeindruckte. Er hatte profunde Ideen – und einen enormen Willen, sie auch umzusetzen, das spürten die anderen sofort. Im Gegenzug war der junge Agnelli vom Adel fasziniert. Diese Begeisterung zieht sich durch die gesamte Familiengeschichte der Agnellis hindurch: Giovannis Sohn Edoardo wird eine amerikanische Prinzessin heiraten, deren Söhne Gianni und Umberto wiederum das Geschwisterpaar eines italienischen Fürstenhofes. Doch an seiner Herkunft konnte Giovanni I. nichts ändern. Noch viel später, als sich das Familienunternehmen FIAT vor Erfolg bereits überschlug, nannten viele Giovanni I. noch immer einfach den »schlauen Bauern«.

Die Männer vom Caffè Burrelo wollten endlich eine eigene Autofabrik gründen, denn auf den Straßen norditalienischer Städte wie Turin, Genua und Mailand mussten sie neidvoll mit ansehen, wie immer mehr Automobile ausländischer Fabrikate umherfuhren, vor allem aus Frankreich. Und je öfter sich die Männer trafen, desto spezifischer wurden ihre Fragen: Welche Fabrikate hatten überhaupt eine Überlebenschance? Sollte man Luxusautos für eine kleine und kaufkräftige Klientel bauen? Oder doch lieber Massenprodukte entwickeln? Und wie sollte eine solche Produktionsweise organisiert sein?

Während einer der hitzigen Debatten platzte dem Grafen Bricherasio di Cacherano schließlich der Kragen. Der Conte hatte es satt, nur zu reden. Er war von jeher bekannt als ein Mann, der nicht blendete und täuschte, sondern freiheraus sagte, was er dachte. Und so gab er den Startschuss für das neue Unternehmen: »Wer an das Automobil als zukunftweisende Technologie glaubt, muss nun endlich in das Geschäft einsteigen, bevor es andere im In- und Ausland tun.«

Am 1. Juli 1899, vier Jahre bevor Henry Ford im US-Staat Michigan seine Automobilwerke gründete, riefen acht italienische Herrschaften die neue Gesellschaft ins Leben: die »Società per la costruzione e il commercio delle automobili – Torino«. Kurze Zeit später nannten sie ihr Unternehmen um in »Fabbrica Italiana Automobili Torino« – kurz: FIAT.

Das Startkapital für das Unternehmen betrug beachtliche 800 000 Lire. Im Vergleich dazu startete das Unternehmen Ford nur mit einem Kapital von rund 10 000 US-Dollar, also etwa 50 000 Lire. Mit dem Geld eröffnete FIAT in der Via Dante, Hausnummer 35, die erste

Produktionsstätte. Das 12 000 Quadratmeter große Areal im heutigen Corso Dante wurde zur Firmenzentrale. Sie ist es noch heute. Hier sind die firmeneigenen Ausbildungsstätten untergebracht.

Unter der Geschäftsführung von Giovanni I. arbeiteten bald schon 150 Beschäftigte an der Entwicklung und Konstruktion des ersten Fahrzeugs. Von einem Mercedes-Modell hatte sich Agnelli 1900 bei der Weltausstellung in Paris das System der Motorkühlung abgeschaut, und so beauftragte er seine Ingenieure mit dem Bau eines ähnlichen Modells. Eine Imitation des Mercedes-Motors verursachte geringere Kosten, darüber hinaus, so meinte Agnelli, würde ein schneller Erfolg die Arbeiter zu weiteren Höchstleistungen anspornen.

Nur zwei Jahre nach der Firmengründung verließen 73 Fahrzeuge die Werkhallen von FIAT. Das erste Modell hieß schlicht Typ A. Es hatte zwei Pferdestärken und beschleunigte auf bis zu 35 Stundenkilometer. Der Kaufpreis des Autos betrug 4 200 Lire. Ein Arbeiter verdiente zu dieser Zeit 18 Cents in der Stunde. Er musste zwei Stunden arbeiten, um sich ein Brot leisten zu können.

Im Jahr 1906 gingen bereits 1 146 Autos vom Band, von denen rund 300 nach Großbritannien und Russland exportiert wurden. Die von Anfang an sehr guten Kontakte nach Russland sollten einerseits in der Zeit nach dem Zweiten Weltkrieg auch die Geschäfte der FIAT-Manager Vittorio Valletta und Gianni Agnelli mit der UdSSR erleichtern, ihnen jedoch auch Schwierigkeiten mit den Interessen der US-Amerikaner in Italien einhandeln.

Im selben Jahr kämpften bereits mehr als 30 Autounternehmen in Italien um die wenigen Kunden. Die meisten hatten sich in Turin niedergelassen, darunter Itala, Rapid, Scat, Croizat-Peugeot und SPA. Kurze Zeit später wurde in Turin auch die Lancia-Fabrik eröffnet, und in Mailand wurden schon bald Autos der Marke Alfa Romeo produziert. Die Marken Alfa Romeo und Lancia sind heute im Besitz der FIAT-Gruppe.

Drei Jahre nach der Firmengründung hatte FIAT vier Modelle auf dem Markt, darunter den FIAT 24 HP Corsa – eine Fortentwicklung des 10 HPs. Der Pilot Vincenzo Lancia gewann damit im Auftrag von

FIAT erste Autorennen, die zwar sportlich betrachtet kaum von Bedeutung waren, aber das Renommee des Unternehmens durchaus steigerten. Agnelli und die anderen Gesellschafter erhofften sich von der Demonstration der Motorstärke, endlich das Vertrauen der Aristokratie und der Politik für ihren Betrieb zu gewinnen. Der italienische Automobilmarkt blühte zwar, litt aber unter einem schlechten Image. Technologisch gesehen bauten Franzosen und Deutsche Autos höherer Qualität, glaubten die Finanzeliten und verweigerten dem Autohaus Investitionsgelder. Vor allem an das Niveau der Produkte aus den Häusern Renault und Panhard in Frankreich sowie Mercedes und Benz in Deutschland konnten die Fahrzeuge von FIAT ihrer Einschätzung nach nicht herankommen.

FIAT erhöhte also die Schlagzahl. Dasjenige Unternehmen würde am angesehensten sein, das die stärksten und gleichzeitig solidesten Motoren baute. Die Fähigkeit, potente Motoren zu produzieren, war schlicht Ausdruck des Entwicklungsstandes einer Firma und ihrer Ingenieure. Währenddessen verspürte Giovanni Agnelli immer mehr das Bedürfnis, nicht nur einer von vielen Teilhabern des Unternehmens zu sein. Er wollte mehr. In ihm wuchs der Wille, das Unternehmen allein zu führen.

Im März 1906 arbeiteten über 1 500 Arbeiter im FIAT-Werk. Sie produzierten mehr als 600 Fahrzeuge im Jahr. Der Gewinn in den Jahren von 1903 bis 1905 war um das Zehnfache gestiegen und lag nun bei satten 2 136 000 Lire.

Nicht jeder aber war ein Freund der Moderne. Kein Geringerer als König Vittorio Emanuele III. hatte die Werke in Turin besucht und beim Anblick verschiedener FIAT-Modelle diese angewidert als »verabscheuenswerte Erfindung« bezeichnet. Wenige Wochen später war der italienische König mit dem Zug auf dem Weg von Civitavecchia nach Rom, als eine Panne ihn zwang, die Eisenbahn auf offener Strecke zu verlassen. Prinz Colonna konnte den König schließlich aus der misslichen Lage befreien. Mit seinem FIAT fuhr er das Oberhaupt Italiens von der Eisenbahnstrecke nach Rom, wo er den neuen Botschafter der Vereinigten Staaten von Amerika vereidigen sollte. Kurze

Giovanni Agnelli I.: Der Gründer von FIAT prägte den Familienmythos – ein Agnelli kennt kein Mittelmaß und keine Niederlage.

Zeit später ging eine Bestellung im Hause FIAT ein. Der König hatte seine Ansicht über das Auto revidiert und bestellte mehrere exklusive FIAT-Modelle. So kam es, dass FIAT sich mit dem Etikett schmücken konnte, »Königlicher Autolieferant« zu sein.

Die Marktkapitalisierung des Unternehmens betrug 1906 neun Millionen Lire. FIAT ging an die Börse. Aktionäre wurden mit dem Versprechen ins Boot geholt, schnelle Gewinne machen zu können. In kurzer Zeit erreichte das FIAT-Papier die Rekordhöhe von 1 885 Lire. Der nominelle Wert der Aktie betrug hingegen nur 100 Lire. Zu diesem Zeitpunkt hatten bereits einige der Gründungsgesellschafter ihre Anteile verkauft und sich aus der Führung des Unternehmens zurückgezogen. Giovanni Agnelli hingegen hatte seinen Aktienanteil vergrößert.

Der enorme Sprung der FIAT-Aktie in sehr kurzer Zeit und das gleichzeitige Anwachsen des Anteils von Giovanni Agnelli am Unternehmen erweckten das Misstrauen der Kontrollbehörden. 1907 schaltete sich auch die Turiner Staatsanwaltschaft in die Ermittlungen ein. Sie verdächtigte Giovanni I. der Fälschung der Unternehmensbilanzen, der Streuung von Gerüchten an der Börse zum Zwecke der Stärkung des FIAT-Papiers sowie der Vorteilsnahme durch dubiose Börsengeschäfte auf Kosten kleiner Kapitalanleger. Am 11. August 1908 waren die Verdachtsmomente gegen Giovanni Agnelli und die Mitglieder des Verwaltungsrats zu groß geworden. Sie mussten von allen Ämtern zurücktreten.

Nur ein Jahr später jedoch kehrte Agnelli als Geschäftsführer gestärkt zurück. In keinem Punkt hatte ihn die Anklage der Schuld überführen können, und selbst das Wiederaufrollen des Falles durch die Oberstaatsanwaltschaft einige Jahre später überstand er schadlos. Giovanni Agnelli wurde in allen Punkten freigesprochen.

Wie er das geschafft hatte, blieb vielen ein Rätsel. Genauso wie vielen ein Geheimnis war, wie es Giovanni Agnelli später angestellt hatte, die Macht bei FIAT vollends an sich zu reißen: Nach dem zwischenzeitlichen Kursverfall des FIAT-Papiers während der Affäre stand Giovanni Agnelli nach seinem Comeback nun plötzlich als einer von nur noch drei Hauptaktionären des Unternehmens da.

Dass Agnelli ein Unternehmer mit Mut und Visionen war, hatte er bereits häufig bewiesen. Nun war er auch zum gerissenen Strategen geworden. Ihm war schon immer klar gewesen, dass sozialer und wirtschaftlicher Aufstieg von der Qualität der Seilschaften abhängt, die man imstande ist zu aktivieren, sobald die Situation es erfordert. Nun hatte er sich dieses mühsam und über lange Zeit zusammengestrickte Netzwerk zunutze gemacht. Im Laufe der letzten Jahre hatte er sich in aristokratische und politische Kreise buchstäblich hineingearbeitet. Dabei hatte er den liberalen piemontesischen Politiker Giovanni Giolitti kennen gelernt. Giolitti war in den Jahren zwischen 1892 und 1921 fünfmal Ministerpräsident. Er hatte Giovanni I. zum »Cavaliere al Merite del Lavoro« erhoben – ein Ehrentitel, der auch heute noch in Italien für Verdienste in der Welt der Arbeit verliehen wird. Dieser Verbindung hatte Agnelli seinen Freispruch zu verdanken, behaupteten viele.

Während Giovanni I. das Fundament für eine unvergleichliche Karriere legte, ertrugen die meisten Bewohner Italiens ihr dürftiges Leben mit Demut. Die ländlichen Gebiete litten unter einer agrarwirtschaftlichen Dürrezeit, die Zentren der italienischen Städte glichen Armenhäusern. Die Industrialisierung ging nur langsam voran. 55 Prozent der Gesamtbevölkerung waren immer noch in der Landwirtschaft tätig. In Deutschland und Frankreich waren es zur gleichen Zeit 35 beziehungsweise 43 Prozent. Etwa die Hälfte aller Bewohner Italiens waren Analphabeten.

In wesentlichen Teilen wurde die Politik von der katholischen Kirche bestimmt, doch ihr Einfluss wurde allmählich schwächer, denn in den Augen vieler bot sie nur den Glauben als Stütze, aber keine Konzepte für den wirtschaftlichen Aufschwung. Linksradikale und anarchistische Gruppierungen gewannen an Bedeutung, weil sie den Menschen versprachen, sie durch eine proletarische Revolution aus der Armut zu befreien. 1892 wurde die Italienische Arbeiterpartei gegründet, die 1893 zum Partito Socialista Italiano (PSI) wurde. Die Stimmung in der Bevölkerung radikalisierte sich zunehmend. Dies führte im Jahr 1900 in Monza zu dem Mordattentat des Anarchisten Gaetano Bresci auf König Umberto I. von Savoyen.

Unterstützung in der Bevölkerung genossen solche Taten nicht. Ein großer Teil der Landbevölkerung ließ sich weder von der extremen Linken, noch von Kirchenfunktionären die Sicht auf die Dinge vernebeln, die für sie existenziell waren: Brot, Wasser und Arbeit. Und sie legte ihr Schicksal nicht in die Hände von Politikern, sondern nahm es selbst in die Hand. Viele Menschen verließen das Land und flüchteten in die Städte. Dort erhofften sich die Männer durch den von allen Seiten herbeigeredeten industriellen Aufschwung eine Rettung ihrer Familien. Die Marktplätze der Städte im Norden Italiens verwandelten sich zu Arbeitsbörsen, in denen die ehemaligen Landbewohner ihre Dienste anboten. Andere wiederum hatten den Glauben an Italien gänzlich verloren – oder hatten ihn vielleicht auch nie besessen. Sie kehrten ihrer Heimat den Rücken und folgten ihrer Hoffnung: Die Zuversicht, ein besseres Leben zu finden, trug viele Italiener nach Amerika.

In Italien wurde eine Reform des Finanzwesens durchgeführt, die endlich ausländische Investoren anziehen sollte, vor allem aus Frankreich und Deutschland. Turin und das gesamte Piemont erfuhren in dieser Zeit einen sozialen und wirtschaftlichen Umbruch. Die Zahl der abhängig Beschäftigten war in den Jahren zwischen 1881 und 1889 um 25 Prozent gewachsen. Vor allem das textilverarbeitende Gewerbe verzeichnete einen regelrechten Boom. Die mechanische Industrie in Turin zählte Ende der neunziger Jahre des 19. Jahrhunderts immerhin 14 120 Beschäftigte. Sie arbeiteten überwiegend für staatliche Betriebe.

Die Hauptstadt des Piemonts zählte mittlerweile 330 000 Einwohner, und sie entwickelte sich langsam aber stetig zum industriellen Zentrum Italiens. Gemeinsam mit Genua und Mailand würde Turin im folgenden Jahrhundert das magische Dreieck der italienischen Industrie bilden.

Villar Perosa lag derweil wie eh und je im Schönheitsschlaf. Die Menschen hier waren gläubig und blieben bescheiden. Niemand von ihnen klagte über die Lasten des Lebens, im Gegenteil. In ihren Gebeten dankten sie Gott dafür, dass alles so war, wie es war, denn sie glaubten, egal wie schlimm es kam, es könnte einen immer noch härter treffen.

Giovanni I. hatte 1888 die zwanzigjährige Florentinerin Clara Boselli geheiratet, nachdem er sie während eines Urlaubs in Levanto kennen gelernt hatte. Nach der Trauung zogen sie zunächst nach Verona, den Sommer verbrachten sie aber weiterhin mit den Kindern Aniceta und Edoardo Jahr für Jahr in Villar Perosa. Die Menschen hier hatten große Achtung für den Patriarchen und waren beeindruckt von seinem Pioniergeist und seiner Art, Dinge anzupacken. So wählten sie ihn 1895 zu ihrem Bürgermeister, weil sie glaubten, einer wie Giovanni Agnelli, der es schaffte, aus einer Familie vom Land in die Machtetagen der Region aufzusteigen, wäre für Höheres geschaffen und stünde auch dem Ort gut zu Gesicht.

Sie behielten Recht. An der Faszination der Bewohner von Villar Perosa für die Familie Agnelli hat sich bis heute nichts geändert. Seinem Heimatort stand Giovanni I. ununterbrochen bis zu seinem Tod 1945 vor. Nach dem Zweiten Weltkrieg übernahm sein Enkel Gianni das Amt des Bürgermeisters und gab es erst 1980 auf. Seit dem Tag, an dem ein Agnelli zum ersten Mal Bürgermeister wurde, führte kein Bewohner von Villar Perosa mehr persönlich Steuern an den Staat ab. Die Familie Agnelli bezahlte für alle.

Durch die Industrialisierung verwandelte sich Villar Perosa immer mehr zu einem Ort, den die Leute nicht nur damals, sondern auch heute noch schmunzelnd »Villa Agnelli« nennen. In den Agraranlagen und der Kugellagerfabrik RIV beschäftigte Giovanni I. Hunderte Menschen aus der Gegend. Für sie ließ er Kasernen bauen, für die Angestellten Häuschen. Hinzu kamen eine Ambulanz und ein Stadion, das auch heute noch existiert und in das sich der familieneigene Fußballverein Juventus Turin zu Trainingslagern zurückzieht.

Das Anwesen der Agnellis thronte abseits des Dorfes auf einem Hügel, zwischen der Via Papacino, dem Corso Oporto und der Via Avogardo. Dort oben genoss Giovanni I. die Ruhe, wenn er nach einem langen Tag von der Arbeit nach Hause kam. In der Zwischenzeit hatte seine Frau Clara jene Dinge im Haus geregelt, die eben Aufgabe einer italienischen Frau waren, während er, der Mann, sich erfolgreich um die Geschäfte gekümmert hatte.

In ihrem Haus war es zunächst noch still. Später schenkten ihnen ihre Kinder, Aniceta und Edoardo, zwölf Enkel – und das Haus füllte sich mit Leben und Geschichten. Geschichten, durch die die Agnellis in Italien den Rang einer Königsfamilie einnehmen und die Aufmerksamkeit der Öffentlichkeit auf sich ziehen sollten, so wie die Kennedys in den USA. Jede Hochzeit, jeder Todesfall und jede Affäre wird von den Menschen seitdem bejubelt, beweint oder beklagt, als ginge es um das Schicksal der befreundeten Nachbarsfamilie.

Giovanni Agnellis Ego sollte dabei alle folgenden Generationen prägen. Vor allem die Männer in der Familie wurden an seinen Taten gemessen. Ihnen oblag die Verantwortung für die Fortsetzung der Familiengeschäfte. Seine Botschaft: Setzt mein Werk fort. Sichert das Erbe. Wählt eine Person aus, die die Familie in die nächste Generation führt. So prägte Giovanni I. den Familienmythos: Ein Agnelli kennt kein Mittelmaß und keine Niederlage. Ein Agnelli ist ein Sieger.

Vererbte Familienmythen bezeichnen Familienforscher als Delegation. Im positiven Fall werden sie von Generation zu Generation weitergereicht wie Reichtümer, im negativen aber wie Krankheiten. Kinder und Kindeskinder leben häufig unbewusst die Lebensprogramme vorangegangener Generationen weiter. Vor allem Söhne dominanter Väter leiden häufig unter der psychologischen Erblast des Vorfahren.

Das Siegen ist in der Familie Agnelli vor allem ein Geschäft der Männer. Frauen hingegen waren lange auf die Rolle der Mutter reduziert und damit für die Innenpolitik des Hauses verantwortlich. Sie sorgten in erster Linie dafür, prächtige Jungs zur Welt zu bringen, denen die Aufgabe aufgebürdet wurde, sich wiederum als tüchtige Männer zu erweisen, um eines Tages die Erbfolge des Clans anzutreten.

Tochter Aniceta heiratete in die Familie Nasi hinein. Dem Ingenieur Carlo gebar sie fünf Kinder. Doch obwohl zwei Jungs und potenzielle Nachfolger unter ihnen waren, spielte für das Familienoberhaupt der Zweig der Nasi für den Fortbestand der Agnelli-Dynastie keine Rolle. Blut ist dicker als Wasser, fand Giovanni I. Deswegen wollte er, dass eines Tages sein leiblicher Sohn das Erbe antritt und niemand anderes. Nachdem Aniceta an den Folgen einer Frühgeburt gestorben war, verstieß der dominante Patriarch Giovanni den geschwächten Witwer Carlo aus der Familie. In ihrer Autobiografie berichtet Susanna Agnelli, wie sie den Tod ihrer Tante und das Gebaren ihres Großvaters gegenüber dem Witwer erlebte: »Nach dem Tod wurde Anicetas Mann völlig aus der Familie ausgeschlossen. Das Gericht sprach meinem Großvater die elterliche Gewalt über seine

Enkel zu. Der Vater erhielt im selben Haus, in dem seine Kinder wohnten, eine separate Wohnung zugewiesen. Er durfte seine Kinder aber nur alle vierzehn Tage sehen. Als er starb, haben ihn, glaube ich, nicht viele betrauert. Wir haben uns schwarz angezogen und sind hinter dem blumengeschmückten Leichenwagen hergegangen. Das war alles.«

Nur zwei Mitglieder der Familie Nasi schafften es in den folgenden Jahrzehnten, das strenge Selektionsverfahren der Familie Agnelli zu überstehen. Giovanni, einer der beiden Söhne von Carlo und Aniceta Nasi, wurde später Vizepräsident von FIAT. 1995 verschwand er allerdings spurlos von der Bildfläche. Niemand weiß bis heute, was mit ihm geschah. Dessen Tochter Tiziana Nasi war die einzige Frau, die in die Männerdomäne der Geschäftswelt der Agnellis eindringen konnte. Sie leitete die Geschäfte von Sestiere S.p.A. Das Unternehmen war in der Touristikbranche tätig und beschäftigte über 4 000 Mitarbeiter. Mit einem Anteil von 70 Prozent war die FIAT-Gruppe 1998 größter Teilhaber des Unternehmens.

Als Erbe und Nachfolger hätte Giovanni I. eines Tages am liebsten seinen eigenen Sohn gesehen, Edoardo. Giovannis einziger Sohn und Bruder Anicetas wurde 1892 in Verona geboren. Später studierte er Jura und erhielt eine militärische Ausbildung. Als Offizier zog er mit den italienischen Streitkräften in den Ersten Weltkrieg. Nach seiner Heimkehr heiratete er Virginia Bourbon. Die Trauung fand 1919 in der römischen Kathedrale Santa Maria degli Angeli an der Piazza dell'Estrada statt. Virginia war die Tochter aus der Verbindung des römischen Fürsten Carlo di San Faustino mit der Amerikanerin Jane Allen Campbell aus Orange in New Jersey.

Aus der Ehe des Industriellensohnes mit der Fürstentochter gingen sieben Kinder hervor: Clara (1920), Giovanni II., genannt Gianni (1921), Susanna (1922), Maria Sole (1925), Cristiana (1927), Giorgio (1929) und Umberto (1934). Diese Generation bildet das Herz der heutigen Dynastie. Umberto sollte über Jahre als FIAT-Manager die Geschicke des Firmenimperiums mitbestimmen und für die Democrazia Cristiana in den Senat ziehen. Susanna wurde als Abgeordnete der Republikaner 1995 Außenministerin Italiens. Einem Dritten sollte jedoch eine herausragende Rolle nicht nur in der Familie, sondern in ganz Italien zufallen. Gianni war ganz nach dem Geschmack seines Großvaters: intelligent, gerissen und charmant – er sollte das zukünftige Familienoberhaupt und 1966 Präsident der Familienholdings IFI und IFIL werden.

Das Verhältnis zwischen Giovanni I. und seinem Sohn Edoardo war hingegen schwierig. Lebenslang stand der zerbrechlich wirkende Edoardo im Schatten seines Vaters. Erst mit Mitte zwanzig wurde er mit Aufgaben im Firmenmanagement betraut. Giovanni I. und seine rechte Hand Vittorio Valletta stellten den Jungen häufig auf die Probe und erhielten wohl immer wieder den Eindruck, der Junge brächte nicht die nötige Ernsthaftigkeit mit, um die Geschäfte der Familie zu leiten.

Edoardo und seine Frau Virginia führten eine in den Augen des alten Agnelli unmögliche Ehe. Es war stadtbekannt, dass die beiden eine freie Beziehung pflegten. Hinter vorgehaltener Hand redeten die Leute nicht nur über Edoardos Eskapaden. Er soll zwar zahlreiche Affären gehabt haben, die allerdings seinem Ruf kaum schadeten, denn zur Zeit des aufkommenden Faschismus wurde das Bild des potenten Mannes propagiert. Viele Herren aus Politik, Wirtschaft und Kultur brüsteten sich mit ihren Frauengeschichten und auch von Benito Mussolini war bekannt, dass er sich neben seiner Ehefrau eine Geliebte hielt. Doch auch Virginia machte keinen Hehl aus ihrem Interesse für Männer, vor allem für Literaten. An den gesellschaftlichen Verpflichtungen seiner Frau nahm Edoardo so gut wie nie teil. Er war von seinem Vater beauftragt worden, sich um die Geschäfte rund um das Bergdorf Sestiere zu kümmern. Der Ort war über die Jahre so etwas wie das Winterdomizil des Clans und Ausgangspunkt für die zukünftigen Unternehmungen der Familie in der Tourismusbranche geworden. Die Agnellis hatten die Infrastruktur aufgebaut und Sestiere als Wintersportort erschlossen. Noch heute ist der Ort an der französischen Grenze ein beliebtes Winterurlaubsziel der italienischen Mittelschicht.

Darüber hinaus erhielt Edoardo den Auftrag, den familieneigenen Fußballverein Juventus Turin an die Spitze der italienischen Liga zu führen. Genua hatte bereits acht nationale Titel gewonnen, während die Mannschaft von Turin ihre Zuschauer und vor allem ihren Besitzer durch Spielweise und Resultate langweilte. Mit Mittelmaß hatte sich Giovanni I. zeit seines Lebens nie zufrieden gegeben.

Edoardos Mutter Clara suchte derweil mit ihrem Sohn immer wieder das Gespräch unter vier Augen. Sie erklärte ihm, sie mache sich Sorgen um seine Ehe, denn man erzählte sich, er habe Probleme, seine wilde Prinzessin zu zähmen. Und man erzählte sich in der Stadt, berichtete die Mutter ihrem Sohn, Virginia würde die eheliche Treue nicht ernst nehmen, und das beunruhige auch den Vater. Edoardo nahm jedoch seine Ehefrau in Schutz. Er war fasziniert von ihr.

Giovanni I. indes blieb skeptisch. Wie sollte ein Mann, der weder sich selbst noch seine Ehefrau im Griff hatte, in Zukunft das Schicksal der Familie und des Unternehmens in die Hand nehmen können?

Zeitgenossen wie der berühmte Bankier Giuseppe Troeplitz waren beeindruckt von dem Scharfsinn des bauernschlauen Neokapitalisten Giovanni Agnelli, der sich bis zum Jahr 1910 zu einem ebenso risikobereiten wie erfolgreichen Unternehmer entwickelt hatte. Unter seiner Regie baute FIAT seine Produktpalette aus, und auch technologisch setzte das Unternehmen neue Maßstäbe. Das Automobil ließ seine prähistorischen Wurzeln hinter sich. Das von Murdoch, Bollée und De Dio entwickelte Fahrzeug mit Dampfantrieb, dem im Heck vertikal angelegten Motorblock und der aus Holz konstruierten Karosserie wich einer neuen Fahrzeug-Generation.

Das neue Auto hatte nun seinen Motor unter einer Haube im Bug, die Räder waren aus Metall mit darüber gezogenen Gummireifen, das Lenkrad war in einem schrägen Winkel dem Fahrer zugeneigt: Es entsprach, was Fahrwerk und Motor betrifft, dem Prinzip des Autos, so wie wir es heute kennen. Zwischen den Jahren 1903 und 1906 liefen dreizehn solcher Modelle von den FIAT-Bändern, davon waren fünf als Rennautos angelegt. Die kleineren Motoren erreichten mit einem Hubraum von bis zu 10 572 Kubikzentimetern eine Geschwin-

Das FIAT-Werk im Corso Dante in Turin 1906 – Fließbandproduktion nach dem Vorbild der Ford-Werke in Detroit, USA.

digkeit von bis zu 80 Kilometern in der Stunde, die größeren eine Maximalgeschwindigkeit von bis zu 160 Stundenkilometern. Sie hatten zwischen zehn- und sechzehntausend Kubikzentimeter Hubraum.

1909 erhielt FIAT einen gewinnträchtigen Regierungsauftrag über die Produktion von Lastwagen. Zudem bescherte die Umstellung auf Massenproduktion FIAT erste größere finanzielle Erfolge. Doch erst der Feldzug Italiens in Libyen sowie der Erste Weltkrieg sicherten Giovanni Agnelli und seiner Firma enorme Zuwächse.

Italien drängte darauf, Kolonialmacht zu werden. Die Inbesitznahme Libyens war von langer Hand vorbereitet. Mit den Regionen Tripolis, Zyrenaika und Fessan stellte Libyen bereits in der Zeit, als das Land noch zum Osmanischen Reich gehörte, ein Ziel italienischer Kolonialpolitik dar. Nach der französischen Besetzung Libyens 1881 hatte sich zudem dort eine große italienischstämmige Siedlergemeinschaft niedergelassen. Italien verleibte Libyen somit seiner Interessensphäre ein.

Über mehrere Schritte hatte die Diplomatie die Besitznahme des Landes vorbereitet. Der Dreibund mit Österreich und Deutschland (1882), ein Geheimabkommen mit Frankreich (1900), das Frankreich freie Hand in Marokko gab, Vereinbarungen mit England über dessen Interessen im Mittelmeerraum (1902) und eine italienisch-russische Interessenabgrenzung (1909) eröffneten Italien den imperialistischen Griff auf den nordafrikanischen Staat.

1911 gab Ministerpräsident Giovanni Giolitti den Befehl, in Libyen einzumarschieren. Ein Jahr später erkannte die Türkei im Frieden von Lausanne die italienische Hoheit an, doch nur wenige Jahre später vertrieben sie mit Hilfe deutscher Streitkräfte Italien wieder aus Libyen.

Am 1. August 1914 begann der Erste Weltkrieg. Zunächst blieb Italien neutral, doch am 26. Mai 1915 trat es in den Krieg ein. FIAT und dem Industriestandort Piemont kam die anfängliche Neutralität Italiens zugute. Von verschiedenen Kriegsparteien erhielten die Maschinen- und Rüstungsunternehmen der norditalienischen Region Großaufträge.

Für die deutsche Kriegsmarine baute FIAT Motoren für das U-Boot U 42. Dazu lieferte das Autohaus, das sich nun immer mehr zur Rüstungsfirma wandelte, Russland Militär-Lkw. Als sich die italienische Regierung dazu entschloss, in den Krieg zu ziehen, begann die einheimische Kriegsindustrie auf Hochtouren zu laufen. Rund die Hälfte der insgesamt 1976 italienischen Fabrikanlagen war an der Produktion von Rüstungs- und Kriegsgütern beteiligt. Sie unterlagen dem Ministerium für Bewaffnung und Munition. Für die Unternehmen war der Krieg ein wirtschaftlicher Segen. Dank der öffentlichen Aufträge erreichten einige Firmen kolossale Ausmaße. FIAT gehörte dazu. Die Mitarbeiterzahl verzehnfachte sich in der Zeit zwischen 1914 und 1918. Von 4000 schnellte die Zahl der Mitarbeiter auf 40500. Giovanni I. entwickelte sich in dieser Zeit zu einem Schwergewicht der italienischen Industrie. Sein Einfluss auf die Politik wurde größer, sein Verhältnis zu seinen Arbeitern allerdings schlechter. Zudem brachte er die italienische Linke gegen sich auf, weil er gemeinsam mit anderen Industriellen wie Esterle, Bruzzone, Perrone und Parodi dem abtrünnigen Sozialisten Benito Mussolini einen Haufen Geld bezahlt hatte für dessen zukünftige Parteiprojekte. Die Sozialisten hatten sich gegen Italiens Eintritt in den Krieg gestellt, während Mussolini dafür war.

Der Krieg veranlasste Agnelli, die Produktion seiner Fabriken auf mobiles Kriegsgerät, Maschinengewehre und Munition zu verlagern. Die Autoproduktion lief nebenher. Sie war nicht entscheidend für den wirtschaftlichen Erfolg, markierte aber immerhin einen neuen Meilenstein: Ende 1914 produzierte FIAT 4 646 Automobile. Das war bereits die Hälfte der gesamten nationalen Herstellung an Personenkraftwagen. Im Januar 1915, also noch bevor Italien in den Krieg eingriff, waren rund 40 Prozent aller Arbeiter des Maschinen- und Motorbauwesens bei FIAT tätig – fast die Hälfte der Arbeiter eines ganzen Berufszweigs war also vom Hause Agnelli abhängig.

FIAT hatte sich mittlerweile zu einem Firmenkonsortium gewandelt, dessen Leiter unverhältnismäßige Honorare bezogen, meinte zumindest die Tageszeitung *La Stampa* 1916. Sie zog mit Polemiken zu Felde gegen die sich an dem Krieg bereichernden Kapitalisten. Auch Giovanni Agnelli musste sich die Angriffe der Presse gefallen lassen, weil sein Unternehmen durch das Kriegsgeschäft beispiellos expandiert war und ihn zu einem reichen Mann gemacht hatte, während seine Untergebenen zu miesen Bedingungen arbeiteten.

Die Arbeiter begannen sich zu organisieren. Ihnen wurde bewusst, während die Unternehmen die Kriegsgewinne einstrichen, erschwerte sich ihr Leben nachhaltig. Die Inflationsrate hatte sich in den Jahren zwischen 1913 und 1918 vervierfacht. Am Ende des Ersten Weltkrieges betrugen die Löhne nur noch zwei Drittel des Niveaus von 1913. Die Brotpreise stiegen, der Kurs der Lira sank, die Wut der Arbeiter brauchte ein Ventil: Sie verweigerten die Arbeit.

Im Laufe des Jahres 1917 fanden in Italien 443 Streiks statt, an denen 168 000 Arbeiter teilnahmen. Je höher die Lebensmittelpreise stiegen, desto wütender wurden die Proteste. Vor allem die Frauen rebellierten auf offener Straße. Ihre Existenzangst trieb sie zu Hamsterkäufen.

FIAT war währenddessen zu einem der erfolgreichsten Unternehmen avanciert. Es belegte den dritten Platz in der nationalen Rangliste. Die Arbeiter konnten immer schwerer nachvollziehen, warum Agnellis Unternehmen reich und reicher wurde, während ihre Familien Armut durchlitten. Sie fühlten sich ausgebeutet. Die Lage spitzte sich zu. Die Arbeiter organisierten Proteste. Giovanni Agnelli aber sollte sich als eiserner Verhandlungspartner herausstellen. Verschenken wollte er nichts.

Das Ende des Krieges ging Hand in Hand mit tumultartigen Sozialkämpfen, wie sie Italien bis dahin noch nicht gesehen hatte. Die Anzahl der Streiks stieg 1919 auf 1 663 und im Jahr darauf gar auf 1 881. Die Gewerkschaften verzeichneten einen großen Zulauf. 1914 hatten sie noch rund eine halbe Million Mitglieder. Ungefähr die Hälfte von ihnen hatte sich der sozialistischen Confederazione Generale del Lavoro (CGdL) angeschlossen. 1920 war die Zahl der Mitglieder der CGdL auf vier Millionen angewachsen. Viele andere Arbeiter organisierten sich in der katholischen Confederazione Italiana del Lavoro (CIL), der anarchistischen Unione Sindacale Italiana (USI) oder in anderen, kleineren Gruppen. Der Aufstand erfasste nicht nur die Städte, auch die Landarbeiter, Pächter und Bauern zogen gegen die Ausbeutungsverhältnisse zu Felde. Es war die Zeit des Klassenkampfs – und Turin war das Epizentrum der Unruhen.

Der Forderungskatalog der Tagelöhner, Pächter und Bauern war lang. Sie verlangten Lohnerhöhungen und Arbeitszeitverkürzungen für die Abhängigen in Industrie und Landwirtschaft; eine günstigere Aufteilung der Ernte für die Pächter; die Splittung von Großgrundbesitztümern unter den armen Bauern in Süditalien; die Einrichtung von Betriebsräten in den Fabriken; eine von Gewerkschaften geführte Arbeitsvermittlung; die Übertragung unbebauten Landes an Kooperativen in Süditalien. Die Gewerkschaften wollten mit ihren Forderungen alte Hierarchien aufbrechen und Machtstrukturen verändern, um Arbeiter und Bauern an Entscheidungen aktiv beteiligen zu können.

Die Unterstützung der Arbeiter und Bauern hatten sie. Angeregt durch das Unterfangen der Gewerkschaften, bildeten die Arbeiter neue Formen der Selbstverwaltung. Auch die Bauern opponierten durch bis dahin nicht gekannte Zusammenschlüsse: Sie bildeten so genannte weiße oder rote Ligen, also entweder katholische oder sozialistische Bauernvertretungen.

Für die Unternehmer auf der anderen Seite des ideologischen Schlachtfeldes indes waren die Forderungen ihrer Untergebenen völlig inakzeptabel. Dem Katalog der Arbeiter und Bauern zuzustimmen, bedeutete für sie, Macht und Geld abzugeben. Giovanni Agnelli und die anderen führenden Industriekapitäne wiesen die Ansprüche zurück. Dies jedoch hatte fatale Folgen. Es kam zum Höhepunkt des bereits seit Jahren schwelenden Konflikts zwischen Unternehmern und Arbeiterschaft. Im September 1920 besetzten rund 500 000 Arbeiter verschiedene Fabriken Italiens. Nahezu die gesamte Industrieproduktion kam zum Erliegen. Ziel der Arbeiter war es, mit den Aktionen das Ruder der Fabriken in die Hand zu nehmen, die Produktion zu verwalten und abzusichern. Vor allem die Autowerke in Turin waren von den Okkupationen der Arbeiter betroffen. Mit Gewehren, Messern und Sprengstoff bewaffnet, besetzten sie auch die Autowerke von Lancia und FIAT in Turin. Sie nannten sich Rote Garden – in Anlehnung an die bewaffneten Arbeitskämpfer der Oktoberrevolution in Russland. Später, in den Sechzigern, sollte sich eine andere Bewegung in Italien einen ähnlichen Namen geben und die Arbeitskämpfe in Fabriken wie FIAT und Siemens anführen, die Roten Brigaden.

In den Unternehmen der Agnellis rebellierten allein 13 000 Beschäftigte gegen die Arbeitsbedingungen. Giovanni I. galt nicht als arbeitnehmerfreundlich. Wie ein Monarch von seinem Volk verlangte er von seinen Arbeitern und Ingenieuren Loyalität gegenüber dem Werk und seiner Leitung. Es kam zu gewalttätigen Auseinandersetzungen, die erste Verletzte und Tote forderten. Giovanni Agnelli und seine Mitstreiter sahen keine andere Möglichkeit, als den Staat dazu aufzurufen, die Fabriken zur Not auch mit Gewalt räumen zu lassen.

Als Giovanni Agnellis erbitterter Gegner dieser Tage erwies sich Antonio Gramsci. Der sardische Politiker und Philosoph war Mitglied des PSI und gehörte seit Ausbruch des Ersten Weltkriegs zu den Mitarbeitern der Parteizeitung *Avanti!*. Später gab er gemeinsam mit Palmiro Togliatti, Angelo Tasca und Umberto Terrancini die linke Wochenzeitschrift *L'Ordine Nuovo* heraus. In Anbetracht der Arbeiterunruhen setzte die Agitationszeitung nunmehr auf eine tägliche Ausgabe. Giovanni Agnelli war das Kampfblatt ein Dorn im Auge, denn es war mittlerweile Stammlektüre vieler Arbeiter in seinen Werken geworden. In dieser Zeitung beschrieb Gramsci Agnelli nicht nur als »großen Kapitalisten«, sondern auch als »großen Banditen der Industriekaste«.

Die Radikalisierung der Arbeiterbewegung bedrohte Giovanni Agnelli nicht nur als Unternehmer. Auch seine Familie fürchtete die Unruhen, denn die Wut der Arbeiter entlud sich in dieser Zeit unkontrolliert. Giovanni Agnelli hatte Angst: Er veranlasste die Abreise seiner Familie aus Turin. Sohn Edoardo verließ mit Ehefrau Virginia und ihrer erstgeborenen Tochter Clara das Piemont ins benachbarte französische Savoyen.

Indes führte Giovanni Agnelli der Kampf gegen die Arbeiterklasse erneut zusammen mit seinem politischen Mentor, Giovanni Giolitti. Der jedoch weigerte sich, der Forderung der Unternehmer nachzugeben, die Fabriken von der Armee räumen zu lassen. Eine militärische Lösung würde zu bürgerkriegsähnlichen Zuständen führen, meinte er, und das lag nicht im Interesse des Regierungschefs. Er schlug hingegen ein Gesetz vor, das den Arbeitern ein Mitspracherecht gewährte, und hatte damit Erfolg.

Die Verhandlungspartner ließen sich auf eine Unterzeichnung neuer Arbeitsverträge ein. Der Kompromiss beinhaltete zwar weniger, als die radikalen Kräfte innerhalb der Arbeiterbewegung erhofft hatten, aber immerhin mehr, als der Verband der Metall verarbeitenden Industrie ursprünglich zu geben bereit war. Nach einer dreiwöchigen

Besetzungswelle erhielten die Unternehmer die Gewalt über ihre Produktionsstätten zurück, die Arbeiter gewannen an Einfluss in den Fabriken, und beide Seiten wahrten ihr Gesicht.

Während sich die Arbeiter wieder der Arbeit zuwandten, zogen die Arbeitgeber ihre praktischen Schlüsse aus der jüngsten Vergangenheit. Sie gründeten im März 1920 den Unternehmerbund Confindustria, der bis heute die Interessen der italienischen Arbeitgeber vertritt.

Der Arbeitskampf ging in die Geschichte ein als das »Rote Biennium«. Am Ende hatte er allein in Italien über dreihundert Menschenleben gekostet. Doch nicht nur dort, auch in Österreich, Ungarn und Deutschland war es zur selben Zeit zu ähnlichen Kämpfen gekommen. Der Krieg hatte bei den Menschen einen Zustand der Desorientierung hinterlassen, die alte Ordnung war aus den Angeln gehoben worden.

Eine neue sollte bald an ihre Stelle treten. Am 23. März 1919 versammelten sich einige Hundert ernst dreinblickende Männer in einem Salon an der Piazza Santo Sepolcro Nummer 9 in Mailand. Dort gründeten sie die Fasci di Combattimento. Ihr Anführer hieß Benito Mussolini.

2. Krieg und Liebe – Die verlorene Generation

Dort, wo es heiter und unbekümmert zuging, war Jane Campbell meist nicht weit. In der römischen Gesellschaft war die Mutter von Virginia Bourbon als eine Frau bekannt, die die wilden Nächte liebte und dem Alkohol nicht abgeneigt war. Gemessen an ihren eigenen hedonistischen Neigungen und den finanziellen Möglichkeiten der Familie erzog sie aber ihre Tochter bescheiden, fast streng. Das gesellschaftliche Leben in der Hauptstadt hatte Princess Jane, wie Virginias Mutter genannt wurde, für ihre Tochter aufs Allernötigste beschränkt: Fernreisen nicht erlaubt, Ferien nicht gestattet, faul sein verboten. Was ihr die Mutter hingegen zugestand, waren Lektüre, Kunst und Studium. Für ein lebensfrohes und neugieriges Mädchen wie Virginia war das zu wenig.

Während die Tochter paukte, genoss Princess Jane die ausschweifenden Feste, den ausgiebigen Klatsch und die großen Gesten innerhalb der aristokratischen Gesellschaft. Giovanni Agnelli gefiel das Umfeld seines Sohnes überhaupt nicht. Princess Jane war ihm suspekt, und da der Apfel bekanntlich nicht weit vom Stamm fällt, blieb ihm auch seine Schwiegertochter Virginia ein Dorn im Auge.

Nach der Eheschließung mit Edoardo schien die Fürstentochter alles nachholen zu wollen, was ihr die Mutter verwehrt hatte. Sie galt als attraktiv und neugierig, und es gab viele Männer, die ihr den Hof machten. Sie verband ihr Interesse an der Literatur mit dem gesellschaftlichen Leben in Turin: Anfänglich war sie bloß Gast in den literarischen Salons der Stadt, später gründete sie einen eigenen Literaturkreis mit dem Namen *il faro*, der Leuchtturm. Großbürger und

Aristokraten der Stadt trafen sich in den Kulturzirkeln, in denen etablierte Künstler, aber auch Nachwuchstalente den Gästen ihre Arbeiten präsentierten. Die Literaturkreise hatten den Zweck, Kultur zu fördern, und Virginias Salon entwickelte sich zu einem der beliebtesten Treffs.

Durch ihre Kulturarbeit lernte sie den Schriftsteller Curzio Malaparte kennen, einen Mann, der nach dem Tod Edoardos der Liebhaber Virginias wurde und für ihre Kinder so etwas wie ein väterlicher Familienfreund. Ihre Liaison mit dem Schriftsteller sollte ihr fast zum Verhängnis werden, denn auch Giovanni Agnelli bekam mit, was die Menschen tratschten.

In der Zeit der Massenproteste war der Industriekapitän Agnelli einer für ihn untypischen Melancholie verfallen. Für den Mann, der es stets gewohnt war, die Kontrolle über sich selbst und andere zu haben, muss wohl die Besetzung seiner Fabrik so etwas wie eine Sinnkrise ausgelöst haben. Nunmehr machte er öfter als zuvor ein Nickerchen, während dessen er aber nur sehr flach schlief: Er legte sich hin und warf in der Manier eines Soldaten seine Jacke über den Körper, ganz so, als sei er jederzeit bereit aufzuspringen, wenn Meldungen von der Arbeitsfront es erforderten.

Manchmal nahm er sich nun auch die Zeit, ein Theater zu besuchen. Er schaute sich die Vorführung an und rauchte seine Zigarre. Einige erinnern sich, Giovanni Agnelli wirkte in dieser Zeit in sich gekehrt, als sinnierte er über sich, sein Leben und sein Werk. Der Arbeitskampf hatte ganz offensichtlich seine Spuren hinterlassen.

Das Verhältnis zu seinen Arbeitern war von jeher gekennzeichnet von einer autoritären Fürsorglichkeit. Giovanni Agnelli hatte immer fest daran geglaubt, dass jeder eine Chance zum sozialen Aufstieg hat, wenn er sie sich nur erarbeitet. Seine Arbeiter kamen ihm nun vor wie undankbare Schmarotzer, da sie die Chancen, die er ihnen gab, ausnutzten für einen in seinen Augen unverschämten Streik. Er hatte sie doch immerhin von der Straße geholt und ihnen Arbeit und Lohn gegeben.

Die Art, in der ihm die Arbeiterkommission, die das FIAT-Unternehmen besetzt hatte, nach Beendigung des Streiks am 20. September 1920 das Werk übergab, muss Giovanni Agnelli als Demütigung empfunden haben. Auf seinem Schreibtisch fand er zur Begrüßung einen Strauß roter Nelken, der Blume der Sozialisten. An der Bürowand prangte das Zeichen der Kommunisten, Hammer und Sichel. Giovanni Agnelli dachte öffentlich über seinen Rücktritt nach, verwarf diesen Gedanken aber bald wieder.

1920, im Jahr des Massenstreiks, wurde seine Enkelin Clara, in den zwei darauf folgenden Jahren des aufkeimenden Faschismus wurden Gianni und Susanna geboren. Die Erziehung ihrer drei Kinder übernahmen Virginia und Edoardo erst selbst, gaben sie aber später in die Hände der protestantischen Gouvernante Miss Parker. »Sie wurde eingestellt, weil mein Vater und meine Mutter meinten, wir seien ungezogen«, meinte Clara Agnelli rückblickend zu der Entscheidung der Eltern.

Mit dem Tag, an dem Miss Parker die Regie über die Rasselbande übernahm, endete das genussreiche Leben der Knirpse. Bis dahin gab es Karamellbonbons und andere Süßigkeiten, wann immer sie wollten. Die Urlaube verbrachten sie in einer Villa am Kap Martin an der Côte d'Azur mit einem ganzen Tross von Bediensteten. Susanna und Gianni lernten dort als Teenager Auto fahren, und wann immer sie wollten, durften sie einen Haufen Freunde empfangen und mit ihnen Unsinn machen, bis die Sonne im Meer versank.

Miss Parker aber war streng. Alle Hausangestellten durften ab sofort nicht mehr geduzt, sondern mussten mit Signore oder Signora angesprochen werden. Sie kleidete die Kinder militärisch in Matrosenanzügen – im Sommer trugen sie weiße, im Winter blaue und in den Monaten dazwischen blauweiße Kleider – und führte die Horde mit strenger Hand. Eine ihrer eisernen Regeln lautete: »Essen nie zwischen den Mahlzeiten.« Eine andere: »Toben auf der Straße verboten.« Eine dritte: »Beim Spazieren wird marschiert und nicht stehen geblieben.« Ihr oberstes Gesetz aber fasste alle Regeln in einem Satz zusammen – es appellierte an das stolze Bewusstsein der Kinder, das sie vor sich hertragen sollten: »Denke immer daran, du bist ein Agnelli.«

Feigheit war für Miss Parker verwerflich und Egoismus niederträchtig. Damit die Kinder aber nicht nur geistige, sondern auch körperliche Haltung entwickelten, schickte sie sie zum Sportunterricht. Clara, Gianni und Susanna ritten, zudem mussten die Mädchen zum Ballett. Für den Tanzunterricht beschäftigte die Familie zwei russische Ballerinen.

Gianni entwickelte sich zu einem eigenwilligen Jungen. Er fiel in der Schule durch Prüfungen und erwarb sich einen Ruf als einer, der häufig unkonzentriert war und sich schlecht betrug. Freunde der Familie beschreiben ihn als einen Jungen mit »mehr Mut als Idealen, mehr Reichtum als Empfindung, mehr Hirn als Herz«. Als seine Schwester Susanna sich eines Tages in einen Jungen verliebte, soll sich Gianni darüber lustig gemacht haben: »Liebe«, soll er gesagt haben, »ist etwas für Dienstboten.«

Zu den Ritualen jeder Familie gehört das gemeinsame Essen. Bei den Agnellis aber wurde selten zusammen gespeist. »Manchmal, wenn unsere Eltern nicht zu viele Gäste hatten, saßen wir mit ihnen in der Bibliothek, bis das Essen aufgetragen wurde. Und hin und wieder durften wir uns sogar mit an den Tisch setzen«, erinnert sich Susanna. »Aber da wir mit dem Wachs der Kerzen herumspielten und lästig fielen, schickte man uns gleich wieder fort.«

Großvater Giovanni I. schaute selten zum Essen vorbei. Susanna entsinnt sich, dass die Ankündigung seines Besuches alle nervös machte. Die Abende mit dem alten Agnelli waren gespenstisch: »Er erscheint auf den Glockenschlag pünktlich und geht, den Lift verschmähend, zu Fuß die Treppe hoch«, sagt Susanna. »Mein Vater kommt aus der Bibliothek, um ihn oben zu empfangen. Sie reichen sich die Hand, meine Mutter tritt eilig durch eine Seitentür in die Bibliothek; mein Vater wirft ihr einen wütenden Blick zu: Schon wieder hat sie sich verspätet.«

In Susannas Erinnerung legt der Großvater während seines Besuches keinen besonderen Wert auf die Anwesenheit der Kinder. Sie durften nur zum Gute-Nacht-Sagen ins Speisezimmer treten. Damit hatte der Besuch des Großvaters für sie seinen Höhepunkt erreicht.

Princess Jane machte immer wieder durch ihr ausschweifendes Leben von sich reden. Seit ihr Ehemann Fürst Carlo di San Faustino gestorben war, konnte sie dem Alkohol nur schwer widerstehen. In der Öffentlichkeit nahm sie kein Blatt vor den Mund. Manchmal sagte sie Dinge, bei denen nicht nur ihre eigene Familie vor Schreck erstarrte. Des Öfteren lästerte sie dabei über die Familie Agnelli. Einmal soll sie gesagt haben: »Man braucht viel Benzin, um das Wappen der Agnellis reinzuwaschen.«

Der Tochter Virginia warf sie vor, sie würde ihre Sprösslinge kleiden »wie die Kinder eines Kolonialwarenhändlers«. Die samtgrünen Kleidchen und auch die Matrosenanzüge, die die Kinder häufig trugen, gefielen Princess Jane nicht. Virginia war verzweifelt, denn die ständige Mäkelei ihrer Mutter an der Familie ihres Ehemannes stürzte sie in einen Konflikt, denn sie war mit Edoardo verheiratet, weil sie ihn wirklich liebte.

Die mangelnde Wärme zwischen den Familien machte nicht nur Virginia zu schaffen. Der lange und beschwerliche Weg der Agnellis zur führenden Familie der italienischen Industrie begann seinen Tribut zu fordern. Das Misstrauen, das Giovanni Agnelli gegenüber jedem hegte, der nicht der Familie entstammte, wurde größer: Seine Arbeiter waren ihm in den Rücken gefallen. Die Linken hatten es auf ihn abgesehen.

Gramsci beschrieb Agnelli und sein Unternehmen in einem Artikel des *L'Ordine Nuovo* vom 2. April 1920 folgendermaßen: »Die Werke im FIAT-Zentrum versammeln in ihren 42 Abteilungen rund 15 000 Arbeiter. Sie verdienen das tägliche Brot für über 60 000 Menschen. Bei FIAT handelt es sich also um einen Industrieapparat, der sich gebärdet wie ein kapitalistischer und imperialistischer Staat im Staat, dessen Wachstum und Macht ganz allein von den Entscheidungen des Autokraten Giovanni Agnelli abhängt, dem kühnsten und zähesten aller Industriekapitäne des modernen Kapitalismus.«

Giovanni I. erkannte indes am Horizont eine neue Macht aufsteigen, die ihm vielleicht nicht ganz ungelegen kam: Auf gerissene Weise besetzten die Faschisten die Positionen der Linken, vermieden es aber dabei tunlichst, die Unternehmer zu verschrecken. Denn unter diesen gab es eine Menge brennender Fragen: Wie konnten in Zukunft Fabrikbesetzungen und Sabotageakte von Arbeitern vermieden werden? Welche Politik war imstande, die verlorene Autorität des Staates wiederherzustellen? Welche Rahmenbedingungen musste eine Politik schaffen, um das Bewusstsein der Bevölkerung für Ordnung und Disziplin, Sicherheit und Wirtschaftlichkeit zu schärfen?

Es waren Fragen, auf die die Faschisten plakative und populistische Antworten hatten. Und sie versprachen, den Unternehmern das zurückzugeben, was sie gerade verloren hatten: Sicherheit in der Unternehmensplanung und Macht gegenüber den Gewerkschaften.

Im Herbst 1923 kam Benito Mussolini zu einem seiner Besuche in die FIAT-Werke. Aus diesem Anlass streifte Edoardo Agnelli eine schwarze Uniform über. Seine Tochter Susanna weigert sich später, ihren Vater als Faschisten zu bezeichnen: »Diese schwarzen Faschistenuniformen anzuziehen war für ihn ein reiner Scherz«, sagt sie. »Und von all dem abgesehen: Was für einen schlechten Geschmack hatten doch die Leute, die diese Faschistenuniformen entworfen hatten.«

Sie selbst war in den dreißiger Jahren eine *Piccola Italiana*, ein Italienisches Jungmädel, die auch Uniformen trugen. Es gab sie in Geschäften zu kaufen, genauso wie Kordeln und Rangabzeichen, die man auf die Ärmel nähte, damit erkennbar war, wer welchem Korps der *Balilla* (Pimpfe) oder der *Piccole Italiane* angehörte. Ihre Mutter Virginia meint, Susanna nie in einer faschistischen Uniform gesehen zu haben.

Es war der 15. Juli 1935. Edoardo war mit den Kindern in Forte dei Marmi, während sich Virginia zur selben Zeit in Frankreich zu einer Kur aufhielt. Princess Jane war bei ihm zu Besuch, und wenige Stunden später schaute auch der Pilot Arturo Ferrarin vorbei. Er kam mit einem Propellerflugzeug, einem FIAT-Modell. Als Edoardo ihn sah, begrüßte er ihn gut gelaunt und sagte: »In einem FIAT-Flugzeug und mit Ferrarin als Pilot bin ich bereit, überallhin zu fliegen.« Ferrarin freute sich über das Kompliment und war auch über die

Zwei, die einander brauchten, sich aber nicht mochten: Faschistenführer Benito Mussolini mit Giovanni Agnelli bei der Eröffnung des Werkes Mirafiori 1939.

Neugier der Kinder für seinen Beruf und die Maschine erfreut. Kurzerhand nahm er Gianni und Susanna zu einem kleinen Rundflug mit.

Als sie landeten, bereiteten sich Edoardo und sein Sohn auf die Heimreise nach Turin vor. Gianni war wenige Wochen zuvor durch die Schulprüfungen gefallen und sollte die Ferien nicht zu sehr auskosten dürfen. Sein Vater hatte ihn dazu verdammt, in Turin für die Nachprüfungen zu lernen. Ursprünglich hatte Edoardo geplant, mit dem Zug zu fahren, doch nun, da Ferrarin gekommen war, entschied sich der Vater um. Gianni sollte mit dem Zug heimfahren, er selbst wollte mit Ferrarin die Heimreise im Wasserflugzeug antreten. Von Forte dei Marmi sollte es nach Genua gehen. Von dort aus mit dem Auto nach Turin.

Während des Fluges und auch bei der Landung herrschten gute Wetterbedingungen. Als das Flugzeug an einem Hafenkai anlegen wollte, streifte es einen Baumstamm und kippte zur Seite. Sofort versuchten Edoardo und Ferrarin aus dem Flugzeug zu steigen. Dem jungen Agnelli gelang das auch, doch plötzlich wurde er von dem noch immer rotierenden Propeller im Nacken erfasst. Er war auf der Stelle tot. Edoardo Agnelli wurde 43 Jahre alt.

Nur kurze Zeit nach dem Unfall wurde die Familie benachrichtigt. Virginia war von dem Schock wie gelähmt. Der Großvater reiste aus Turin an. In der Leichenhalle des Spitals stand er vor der Leiche seines Sohnes und war nicht in der Lage zu sprechen. Zehn Minuten stand er dort, dann stieg er ins Auto und kehrte zurück nach Turin.

Giovanni Agnelli hatte seinen einzigen Sohn verloren. Virginia vermisste von diesem Tag an nicht nur ihren Ehemann. Sie sollte später auch um ihre Kinder fürchten müssen. Ihr Schwiegervater würde ihr das Sorgerecht entziehen wollen.

An der historischen Bewertung Giovanni Agnellis scheiden sich die Geister. Familienbiografen wie Giancarlo Galli und Angiolo Silvio Ori beschreiben den Industriekapitän als einen eher unpolitischen Mann. Sein Ziel war es immer, den Erfolg seines Unternehmens zu sichern, gleichgültig, wer die politischen Fäden zog. Linksintellektuelle hingegen bewerten Giovanni I. als Opportunisten, der selbst mit dem Teufel Geschäfte machte, wenn er ihm Geld und Erfolg bescherte.

Der Teufel hatte einen Namen. Er hieß Benito Mussolini. Lange Zeit war er Sozialist gewesen. Als Chefredakteur hatte er seit 1912 die linke Kampfgazette *Avanti!* geleitet, jenes Blatt, dem auch der spätere Kommunistenführer Antonio Gramsci angehörte. Später trat Mussolini dann vehement für eine Beteiligung Italiens am Ersten Weltkrieg ein. Viele glaubten, der Weltkrieg böte Italien eine Chance, endlich eine international beachtete Rolle spielen zu können. Doch die meisten Sozialisten sprachen sich dagegen aus, und so verbannten sie Mussolini aus ihrem Kreis.

Mussolini gründete daraufhin die Zeitung *Il Popolo d'Italia* (Das Volk Italiens). 1915 zog er als Soldat in den Krieg. Nach einer leichten Verletzung kehrte er 1917 wieder nach Italien zurück und begann sich wieder politisch zu betätigen. Nach zwei Jahren hatte er Männer um sich versammelt, die seine Idee eines neuen Italiens teilten. Auf der Gründungsveranstaltung der Fasci im Jahr 1919 an der Piazza Santo Sepolcro unterzeichneten 54 der anwesenden Männer ein vom Chefredakteur des *Popolo d'Italia* vorgefasstes Manifest, in dem sie ihre teils paradoxen Ideen formulierten. Sie forderten für Frauen das gleiche Wahlrecht wie für Männer (demokratisch) und für Bauern und Arbeiter Land- und Fabrikbeteiligungen. Sie wollten zudem Börsen- und Bankenspekulationen bekämpfen (populistisch-sozialistisch) und eine generelle Entwaffnung Italiens sowie ein damit einhergehendes generelles Verbot der Waffenproduktion erreichen (pazifistisch). Gleichzeitig aber propagierten sie die Annexion von Fiume und Dalmatien (nationalistisch). Fiume (Rijeka) war die wichtigste Hafenstadt Jugoslawiens, Dalmatien umfasste den jugoslawischen Küstenstreifen am Adriatischen Meer und über 800 Inseln. Ökonomisch setzten sie sich für den Freihandel ein und richteten sich gegen den Bolschewismus und den Sozialismus. Gleichzeitig forderten sie eine Verbesserung der Beschäftigungsverhältnisse von Arbeitern. Sie verlangten die Besteuerung der Kriegsgewinne von Unternehmen und die Übergabe von unbebauten Ländereien an Genossenschaften. Ihr höchstes Ziel war es, die italienische Monarchie abzuschaffen und den Senat durch einen berufsständischen Nationalrat zu ersetzen.

Ihre Anhänger rekrutierten sich aus verschiedenen Milieus. Einige waren ehemalige Gefolgsleute des radikalen Syndikalismus, andere Stoßtruppkämpfer des Weltkriegs, wieder andere Anhänger der Futuristen. Im Zentrum ihrer Auftritte aber stand die politische Polemik. Ihr Populismus infizierte bald die Bevölkerung. Innerhalb kurzer Zeit liefen den Fasci die Menschen in Scharen zu. Lag ihre Mitgliederzahl 1920 noch bei 20 615, stieg sie 1921 auf 249 036.

So, wie die Arbeiter in den Städten gegen die Unternehmer protestierten, begehrten zu Beginn der zwanziger Jahre die Bauern und Pächter in der Poebene, der Toskana, in Umbrien und Apulien gegen die Großgrundbesitzer auf. Die Vertreter der Industrie und die Großgrundbesitzer waren besorgt über die sich anbahnende anarchistisch anmutende Umwälzung, und die Situation schien für die Staatsorgane kaum mehr kontrollierbar. Hier griffen nunmehr landesweit die Schlägertrupps der Fasci ein. Eine Kolonne der so genannten *squadre* (Mannschaften) besetzte die Redaktion des *Avanti!* und setzte das Gebäude in Brand. Benito Mussolini übernahm in einem Interview mit dem *Giornale d'Italia* offen die Verantwortung für den Sabotageakt.

Auf dem Land bliesen die Faschisten zum Angriff auf die neu gegründeten Ligen der Landarbeiter und die Vormachtstellung der Sozialisten. Wie die Industriellen in den Städten waren auch die Großgrundbesitzer den faschistischen Schlägertrupps nicht ganz undankbar für ihren gewalttätigen Einsatz. In den Städten kam es während der Übergriffe der Faschisten auf streikende Arbeiter zu Toten. Auf dem Land überfielen die Kolonnen Dorf um Dorf, plünderten die Sitze der Ligen und der sozialistischen Ortsgruppen, nahmen Geiseln, schlugen, prügelten und ermordeten Menschen, die sich ihrem Diktat nicht beugen wollten.

Der schnelle Erfolg der Agrarfaschisten spielte ihnen immer mehr Anhänger und Sympathisanten zu. Angeführt wurden sie von Männern wie Italo Balbo, Leandro Arpinati, Dino Grandi und Roberto

Farinacci. Einige von ihnen waren bereits an der Piazza Santo Sepolcro dabei gewesen und sollten die Geschichte des italienischen Faschismus entscheidend mitprägen.

Von der Poebene aus dehnte sich der Squadrismus weiter in die Regionen Venetien, Lombardei und Piemont aus. Hier lebte ein großer Teil der sozialen Mittelschicht, die den aufkommenden Faschismus nicht unbedingt verteufelte, denn er versprach ihnen eine konservative Restauration und somit die Sicherung ihres gewohnten Lebensstandards. Die Regierung Giolitti ließ die Fasci jedenfalls gewähren, denn sie hoffte, der Einsatz der Fasci würde die gewohnte Ordnung wiederherstellen, ohne dass sie sich die Hände schmutzig machen müssten. Ähnlich wie in Deutschland ein paar Jahre später, meinte man auch in Italien, die neuen Fanatiker unter Kontrolle halten zu können.

Unterdessen unterzeichnete Mussolini am 3. August 1921 einen Versöhnungsvertrag mit dem PSI. Er hatte die Funktion, der Rechten in der Öffentlichkeit positives Ansehen zu verschaffen. Der Kontrakt hinderte seine *squadre* dennoch nicht daran, insgeheim weiter die Infrastruktur der Linken zu zerstören.

Kurz darauf, im November 1921, setzte Mussolini die Umwandlung der Fasci di Combattimento in den Partito Nazionale Fascista (PNF) durch. Immer mehr Anhänger verfielen seinem Charisma. Für sie wurde er der Duce, der Führer.

Giovanni I. stand dem Erstarken der Faschisten zwiespältig gegenüber. Zum einen war er gegen die Kommunisten und Sozialisten, weil die seine Arbeiter gegen ihn aufhetzten. Andererseits hatte er sich immer als Anhänger der Liberalen um Giolitti verstanden.

Die gewährten den Fasci nun offiziell Einlass in die politische Klasse. Am 7. April 1922 löste König Vittorio Emanuele III. die Abgeordnetenkammer auf und setzte Neuwahlen für den 15. Mai an. Das Dekret wurde von Giolitti veranlasst. Er selbst hatte sich in den letzten 15 Jahren durch vorgezogene Neuwahlen immer wieder neue Mehrheiten verschafft. In dieser nationalen Krise versuchte er nun, eine Mehrheit zu erzielen, indem er die Sozialisten durch Neuwahlen zu schwächen und die Faschisten in eine liberale Koalition einzubinden hoffte. Die Faschisten errangen 34 Plätze im Parlament. Mussolinis Bewegung war nun unübersehbar und parlamentarisch legitimiert. Mussolini marschierte in Richtung Machtergreifung.

Innenpolitisch spitzte sich die Lage weiter zu, als am 31. Juli die Gewerkschaft Alleanza del lavoro gemeinsam mit dem PSI und dem PCI zu einem Generalstreik aufriefen. Der PNF seinerseits antwortete mit einem Ultimatum an den Staat: Er forderte die Beendigung des Generalstreiks binnen 24 Stunden, ansonsten würden die *squadre* für Ruhe und Ordnung sorgen.

Noch bevor das Ultimatum abgelaufen war, schritten die Fasci am 2. August ein. Sie überfielen Demonstranten, besetzten Gewerkschaftssitze und Rathäuser und randalierten in Stadtvierteln, in denen sie Anhänger der Linken vermuteten. Genua und Mailand fielen schnell in die Hände der Faschisten. Die bürgerliche Tageszeitung *Corriere della Sera* und auch die Richter in der lombardischen Hauptstadt sahen keinen Anlass, die faschistischen Überfälle zu verteufeln, im Gegenteil: Sie behaupteten, die Übergriffe seien nicht illegal gewesen. Gestärkt bereitete Mussolini seinen Marsch auf Rom vor.

Mit Reden, in denen er versprach, die Wirtschaft wieder ein Stück mehr in private Hände geben zu wollen und dem Staat seinen Interventionismus zu rauben, gewann er die Unterstützung der Industrie. Als auch der mächtige Unternehmerverband Confindustria sich für Mussolini aussprach, beauftragte der König Mussolini mit der Regierungsbildung.

Am 30. Oktober 1922 bildete Benito Mussolini sein erstes Kabinett, in dem er selbst das Außen- und Innenministerium innehatte. Kurz danach beeilte er sich, die von der Giolitti-Regierung eingesetzte Untersuchungskommission, die prüfen sollte, welche Unternehmen übermäßigen Profit aus dem Ersten Weltkrieg gezogen hatten, aufzulösen.

Als einer der ersten Gratulanten reichte Giovanni Agnelli Mussolini die Hand. Er und andere Industrielle benutzten die Fasci, um sich des lästigen Gegners, der Kommunisten, zu entledigen. Enkelin Susanna aber – ähnlich wie im Falle ihres Vaters – relativiert die Einordnung des Großvaters als Faschist, wann immer sie danach gefragt wird. Sie erinnert sich nicht, den Großvater jemals in einer schwarzen Uniform gesehen zu haben. Indes gingen die Meinungen darüber, ob er ein überzeugter Faschist gewesen sei, seit jeher auseinander.

Im Juni 1923 sendete der Präfekt von Turin ein Telegramm an Mussolini, in dem er dem Duce seinen Verdacht kundtat, Giovanni Agnelli sei ein Antifaschist. Der Schriftsteller Raoul Ghezzi, ein Anhänger Mussolinis, schrieb hingegen in seinem Buch *Comunisti, Industriali e Fascisti* 1923: »Mussolini weiß, wer der ehrenwerte Agnelli ist: Aus diesem Grund hat er ihn in den Senat berufen und damit ein unverzeihliches Versäumnis früherer Regierungsoberhäupter wieder gutgemacht. Der ehrenwerte Agnelli hat einen großen Beitrag zur faschistischen Propaganda geleistet (...)«

In Turin nahm derweil die Erfolgsgeschichte der FIAT-Werke ihren Lauf. Im Jahr von Mussolinis Machtergreifung produzierte das Autohaus 10 589 Fahrzeuge. Ein Jahr später waren es bereits 15 917 und 1924 liefen 24 000 Autos vom Band. Damit erreichte FIAT wieder das Produktionsvolumen des Rekordjahres 1918.

Im Kabinett Mussolini hatte ein Mann das Finanzministerium übernommen, der den Unternehmern sehr willkommen war: Alberto De Stefani. Was die Wirtschaft anging, verfolgte er liberale Ideen. Sein Katalog glich den Forderungen der Industrie und der Banken: Die Mietpreise sollten freigegeben, das Telefon und das Versicherungswesen privatisiert, die Lira abgewertet, die Besteuerung der Kriegsgewinne und die Erbschaftssteuer abgeschafft werden. Durch die Reformen wurden italienische Produkte auf dem internationalen Markt wettbewerbsfähiger. Die wichtigsten wirtschaftlichen Indikatoren des Landes schossen bald in die Höhe. Ein Faktor blieb allerdings auf ähnlich niedrigem Niveau wie zuvor, und zwar der Lohn. Die Reformen der Regierung Mussolini verbesserten die Stellung der Industriellen, die der Arbeiter hingegen nicht.

Im Januar 1925 wurden etwa 40 000 Eisenbahner entlassen. Der

Arbeiterfeiertag am 1. Mai wurde ersetzt durch den Nationalfeiertag am 21. April. Der symbolische Akt sollte dazu beitragen, die Arbeiterschaft von ihrer Klassenzugehörigkeit zu lösen. Schließlich paktierte auch der Industriellenverband Confindustria mit den faschistischen Gewerkschaften. In einem Abkommen beschlossen sie, ihre Politik mit jener der Nationalregierung abzustimmen. Das bedeutete, dass die Arbeitervertretung ihre Interessen denen der Regierung und der Industrie unterordnete.

Mussolinis Schlägertrupps übten währenddessen weiterhin Gewalt aus. Antonio Gramsci, der sardische Kommunist, wurde ebenso bedroht wie sein Mitkämpfer Giacomo Matteotti. Der Sozialist gehörte zu den erbittertsten Gegnern der Faschisten. Ihren überragenden Wahlsieg vom 6. April 1924 beantwortete Matteotti mit einer kämpferischen Rede. Er beschuldigte Mussolini der Gewaltherrschaft und forderte die Annullierung der Wahlen mit der Begründung, sie seien manipuliert worden. Faschistische Schlägertrupps hätten die Wähler eingeschüchtert.

Das Ergebnis der Wahlen war für die Faschisten ein voller Erfolg. Sie gewannen 375 Abgeordnetensitze, die Opposition errang hingegen magere 106 Sitze. Weitere 29 gingen an kleinere, regierungsnahe Listen. Nach Matteottis Rede antwortete das Sprachorgan der Faschisten, *Il Popolo d'Italia*: »Wenn dem Abgeordneten Matteotti eines Tages der Kopf eingeschlagen wird, muss er die Schuld dafür ganz allein bei sich suchen.«

Es sollte nicht lange dauern, bis die Faschisten diese Drohung wahr machten. Es war der 10. Juni 1924 in Rom. Der 39-jährige Rechtsanwalt Giacomo Matteotti verließ sein Haus in der Via Pisanelli Nummer 40. Seit seiner Rede hatte er Morddrohungen bekommen. Auch seine Frau wusste, die Faschisten bedrohten das Leben ihrer Familie. Nur wenige Meter von ihrem Haus entfernt lauerten fünf Männer in einer schwarzen Lancia-Limousine dem Sozialisten auf. Dem Schlägertrupp gehörten an: Amerigo Poveromo, Albino Volpi, Augusto Malacria, Giuseppe Viola und vermutlich Filippo Panzeri. Sie gehörten zu einem von Mussolini gegründeten Geheimbund, der politische

Gegner einschüchtern und gegebenenfalls »entfernen« sollte. Der Befehl zum Überfall auf Matteotti kam von der Spitze der Partei. Schatzmeister Filippo Marelli und Pressechef Cesare Rossi planten die Entführung und beauftragen den Schlägertrupp damit.

An diesem Morgen hatte sich Matteotti mit Freunden im Wassersportclub verabredet. Als er vor sein Haus trat, wurde er von den Männern angegriffen und ins Auto gezerrt. Matteotti wehrte sich und wurde dabei lebensgefährlich verletzt. Einer der Entführer stach ihm mit seinem Messer in die Arterie unterhalb der Achselhöhle. Matteotti verblutete, während der schwarze Lancia unter tosendem Gehupe durch die Straßen Roms raste. Aus der Lektion, die die Fasci Matteotti erteilen wollten, wurde ein politischer Mord.

Am 16. August 1924 fand ein Carabiniere die Überreste des Regimegegners in einem Waldstück. Dort hatten ihn seine Mörder in einer Grube verscharrt. Als Beweis für den Erfolg ihrer Tat legten sie ihrer Parteispitze Matteottis Aktentasche und ein blutbeflecktes Polsterstück des Lancia vor. Ihr Honorar für den Mord war ein kleines Vermögen: 30 000 Lire. Später wurden die Täter gefasst und zu lebenslangen Haftstrafen verurteilt. Deren Hintermänner indes blieben unangetastet.

Mussolini ahnte, der Mord an dem Sozialisten Matteotti könnte das Ende seiner Regierung bedeuten, wenn herauskäme, er, Mussolini, wäre daran beteiligt gewesen. Anfänglich wies Mussolini jede Schuld von sich, und die politische Verantwortung für das Attentat wälzte er auf seine Untergebenen ab. Er entließ den Polizeichef General Emilio De Bono.

Doch der interne Druck sowie die Kritik der internationalen Presse verleiteten ihn später dazu, seine Mittäterschaft bei der Ermordung Matteottis zuzugeben. In einem Wahn von Übermut tönte er im Parlament: »Ich erkläre vor dieser Versammlung und dem ganzen italienischen Volk, dass ich und nur ich die politische, moralische und historische Verantwortung für alles übernehme, was geschehen ist. Wenn der Faschismus eine Verbrecherorganisation ist, dann bin ich der Chef dieser Verbrecherorganisation.« Konsequenzen allerdings hatte sein halbes Geständnis nicht. Mussolini regierte uneingeschränkt weiter.

Bei den Wahlen von 1924 hatten die Faschisten vor allem in Süd- und Mittelitalien überwältigende Ergebnisse erzielt. Im Norden hingegen sah die Sache anders aus, die Faschisten kamen dort nicht über eine relative Mehrheit hinaus. Vor allem die Piemonteser erwiesen sich als störrisch. Mussolini konnte die Region im Nordwesten Italiens nicht – wie das übrige Land – im Flug einnehmen.

Mussolini besuchte während seiner vielen Tourneen durch die großen Unternehmenshäuser des reichen Nordens auch immer öfter das Haus Agnelli. Agnelli und Mussolini wussten: Sie waren abhängig voneinander. Mussolinis politischer Erfolg hing in erster Linie von den Resultaten ab, die er in der Wirtschaftspolitik erzielen konnte. Der eigentlich als liberale geltende Agnelli hingegen musste wie viele andere Großindustrielle erkennen, dass die Auftragslage seines Unternehmens nur dann stabil sein würde, wenn er mit den Faschisten paktierte.

Um sich den Einfluss Agnellis zu sichern, ernannte ihn Mussolini im März 1923 zum Senator auf Lebenszeit. Agnelli wehrte sich nicht gegen die Umarmung Mussolinis und nahm dankend an, weil er hoffte, auf diese Weise seine Interessen in der Politik durchsetzen zu können. Ähnlich verfuhr Mussolini auch mit anderen führenden Industriellen.

Seine Enkelkinder bekam Giovanni I. kaum zu sehen. In dieser Phase galt es vielmehr, die in Jahrzehnten aufgebauten Seilschaften und Verbindungen zu pflegen und an die gegebenen neuen Umstände anzupassen. 1925 war seine Enkelin Clara fünf Jahre alt, Susanna drei und Gianni, heutiger Ehrenpräsident von FIAT und Familienoberhaupt, war vier Jahre alt. Maria Sole, die vierte der insgesamt sieben Enkel, wurde in diesem Jahr geboren. Schon früh erkannte der Großvater die außergewöhnliche Intelligenz Giannis. Sein eigener Sohn Edoardo rang ihm hingegen nicht allzu viel Respekt ab. Für die Ausbildung von Gianni wählte Giovanni deswegen ausgerechnet einen Nachhilfelehrer aus, der alles andere als ein Faschist war. Franco

Antonicelli war ein linker Intellektueller, den das Regime als »antinational« eingestuft hatte. Antonicelli traf sich in der Zeit der Machtübernahme durch die Faschisten immer öfter in Turin mit einer Gruppe, die der Politik Mussolinis Widerstand leisten wollte – eine der vielen zunächst noch lose umherschwirrenden antifaschistischen Zellen dieser Jahre.

Der fragmentierte antifaschistische Kampf in Italien gruppierte sich anfänglich vor allem im Umkreis der Universitäten. Dort lehrten einige Regimekritiker, wie Piero Gobetti, Leone Ginzburg, Umberto Segre und Giulio Einaudi, der später berühmte Buchverleger. In ihrem Umfeld bewegte sich auch Antonicelli, der sich durch seine Äußerungen mehr und mehr Feinde unter den Faschisten machte. 1929 kritisierte er die Lateranverträge zwischen dem Vatikan und dem PNF-Regime. Seiner Meinung nach wertete die Kirche mit dem Kontrakt Mussolini auf. Antonicelli wurde kurze Zeit nach seinen Äußerungen verhaftet und verbannt. Später wurde er begnadigt, doch dies sollte nicht seine letzte Strafe gewesen sein.

Für Giovanni I. war Antonicelli zunächst ein großer Kenner der schönen Künste. 1932 übernahm er die Leitung der *Europäischen Bibliothek* des Verlagshauses Frassinelli. Frassinelli veröffentlichte in den dreißiger Jahren Bücher von James Joyce, Franz Kafka und John Melville, also Autoren, deren Texte vom faschistischen Regime indiziert worden waren.

Antonicelli brachte also vieles mit, was Giovanni I. – wäre er wirklich ein überzeugter Faschist gewesen – davon hätte abhalten müssen, ihn als Lehrer für seinen Enkel zu beschäftigen. Der Intellektuelle sollte später den lernfaulen Gianni zusätzlich zu seinem nicht auszutreibenden Interesse für Autos, Fußball und Mädchen auch für die Lektüre begeistern – unter anderem für die Schriften des Kommunisten Gramsci.

Giannis Eltern, Edoardo und Virginia, erfuhren regelmäßig durch andere von den Eskapaden ihres Sohnes. »Gianni wirft die Schultaschen seiner Mitschüler auf vorbeifahrende Lastwagen, sodass sie ihnen durch die halbe Stadt nachrennen müssen, er macht sich über alle lustig und veräppelt die Lehrer vor dem Schultor«, so Schwester Susanna. Als es dem Schuldirektor zu bunt wurde, schrieb er einen Brief an die Eltern. Susanna ahnte nichts Gutes. Sie war nur ein Jahr jünger als er, und die beiden verband eine sehr enge Beziehung. Sie waren Geschwister und Freunde zugleich.

An schönen Tagen fuhren sie Fahrrad, gingen gemeinsam Eis essen und flanierten durch die Stadt. An wilden Tagen forderten sie ihr Glück heraus. Gianni hatte ein kleines Auto, mit dem er, von der Geschwindigkeit berauscht, immer und immer wieder den Hang von Villar Perosa hinunterstürzte. Manchmal nahm er auch seine kleine Schwester mit auf eine seiner wahnsinnigen Abfahrten. Susanna hatte dabei vollstes Vertrauen in Gianni. Sie setzte sich hinter ihm auf das Geschoss, und meistens redeten sie bei ihren Unternehmungen nicht viel miteinander. Sie verstanden sich ohne Worte. Dann rasten sie gemeinsam den Berg hinab, kraxelten wieder hoch, um erneut hinunterzurasen. Passiert ist ihnen bei ihren halsbrecherischen Aktionen nie etwas.

Gianni und Suni – wie sie von Freunden genannt wurde – fühlten sich einander verbunden wie eineiige Zwillinge. Susannas Liebe für ihren Bruder war so stark, dass sie an dem Tag, als sie die Ankunft des Briefes des Schuldirektors erwartete, von morgens bis in den späten Abend weinte. Für jeden Agnelli war es bis zu diesem Zeitpunkt unvorstellbar gewesen, dass ein Mitglied der Familie in der Schule die Versetzung verpasst. Wegen schlechter Noten war noch niemand aus dem Clan sitzen geblieben. Gianni aber schaffte, was bis dahin außerhalb der Vorstellungskraft jedes Familienmitglieds gelegen hatte. Er blieb nicht aufgrund miserabler Leistungen sitzen. Er musste vielmehr die Klasse wiederholen, weil er schlechte Manieren an den Tag gelegt hatte. Mit dieser Lektion bestrafte der Schuldirektor nur besonders hoffnungslose Fälle.

Der alljährliche Urlaub in Forte dei Marmi fiel für Gianni in diesem Jahr aus. Zur Strafe musste er in den Ferien nachsitzen. Alle Mahnungen der Eltern und auch des Kindermädchens, der strengen Miss Parker, hatten nicht gefruchtet. Immer wieder hatte sie die

Kinder daran erinnert, sie seien Agnelli, Sprösslinge der berühmtesten italienischen Industriellenfamilie, und sollten sich bitteschön auch danach benehmen. Gianni schien die Ermahnung nicht zu interessieren.

Die familieneigene Villa in Turin bot Gianni und seinen sechs Geschwistern separate Schlafzimmer, eine Turnhalle, ein Filmtheater und eine Bibliothek. Machte die Familie Ausflüge, musste sie nicht auf Extravaganzen verzichten. Sie wohnte in Villen am Meer oder Refugien in den Bergen. Die kleinen Agnellis lernten Ski fahren und kannten jeden Fußballer aus der familieneigenen Mannschaft Juventus Turin. Anders als für viele Kinder im vielerorts verarmten Italien glich das Leben der Agnellis einem Wunschkonzert: Es gab nichts, was sie nicht haben konnten.

Gianni nahm innerhalb der Familie eine gesonderte Stellung ein. Großvater Giovanni hielt ihn trotz seiner Eskapaden für einen besonderen Jungen, und seiner Ansicht nach sollten außergewöhnliche Menschen auch mit außergewöhnlichen Aufgaben betraut werden: »Der Beste von allen soll später die Familie und die Geschäfte führen«, war ein geflügelter Satz in der Familie. Um Gianni zu disziplinieren, wurde er nach der Grundschule in die Kavallerieschule Pinerolo geschickt. Es war das Internat, welches der Großvater selbst besucht hatte und auch dessen Sohn und Giannis Vater Edoardo. Dort wurde der Sprössling später zum Unteroffizier ausgebildet.

Die Spielkameraden der kleinen Agnellis stammten allesamt aus dem Großbürgertum oder aus aristokratischen Kreisen. Das war vielleicht auch Ursache dafür, weshalb sie später alle Söhne und Töchter europäischer Fürsten heiraten sollten; einzige Ausnahme sollte Giannis jüngerer Bruder Giorgio sein. Er wurde 1929 geboren und starb schon 1965 im Alter von nur 35 Jahren. Sein gesamtes Leben lang war er häufig schwer krank und wurde von seiner Familie deswegen vor der Öffentlichkeit geschützt.

Über Giannis Bruder Umberto kursierten in der feinen Gesellschaft Turins böse Gerüchte. Das schmutzigste von allen kam auch Großvater Giovanni zu Ohren. Demnach stamme sein jüngster Enkel nicht aus der Ehe seines Sohnes mit Virginia, sondern aus einer Liaison seiner Schwiegertochter mit dem Schriftsteller und Journalisten Curzio Malaparte.

Der anhaltende Klatsch über seinen Sohn und dessen Ehefrau störte Giovanni I. schon lange, das neueste Gerücht aber schmerzte ihn besonders, hatte er doch gehofft, den Mann mit dem exzentrischen Künstlernamen ein für alle Mal aus dem Umfeld der Familie geschafft zu haben.

Malaparte trat 1922 als 24-Jähriger der faschistischen Partei bei. Später leitete er die faschistische Zeitschrift *La conquista dello stato* (Die Eroberung des Staates). Als Chefredakteur trat er 1926 im Prozess gegen die mutmaßlichen Mörder von Giacomo Matteotti als Zeuge der Verteidigung auf. Als Zugeständnis an Mussolini berief ihn Giovanni I. 1928 zum Chefredakteur der bürgerlichen Tageszeitung *La Stampa*. Diese war seit 1917 im Besitz der Familie Agnelli. Durch diesen Schritt hoffte der FIAT-Patriarch die politischen Beziehungen seines Unternehmens zur faschistischen Regierung positiv zu beeinflussen. Doch 1931 feuerte Giovanni I. Malaparte und stattete ihn mit einer generösen Abfindung aus. Der Grund für die Entlassung wurde nie bekannt. Spekulationen zufolge setzte Agnelli Malaparte vor die Tür, weil er von dem Verhältnis des Journalisten mit seiner Schwiegertochter erfahren hatte.

Deren Liaison soll lange schon vor dem Tod des Ehemannes bestanden haben. Edoardo selbst war während der Ehejahre mit Virginia auch anderen Frauen zugetan gewesen, erzählt man sich. Virginia hingegen soll aus ihrem Interesse vor allem für Literaten keinen Hehl gemacht haben. Malaparte war einer von ihnen. In Turin war er als Frauenheld bekannt. Er war ein Poet, ein Dandy und ein Abenteurer dazu. Er war hoch gewachsen und liebte exotische Kleidung. Seine schwarzen Haare pflegte er stramm nach hinten zu kämmen und zu ölen. Er trug ein gewinnendes Lachen auf seinen Lippen und strahlte dabei eine Abenteuerlust aus, die – glaubt man den Berichten von Zeitgenossen – auf viele Frauen erotisierend wirkte. So auch auf Virginia. Den exaltierten Nachnamen hatte Malaparte sich zugelegt, als er 17 Jahre alt war und sich freiwillig zum Militärdienst gemeldet hatte. Danach wurde er Diplomat in Paris und Warschau. Seine unbändige Lust auf das Leben war gleichzeitig gepaart mit einer tiefen Todessehnsucht. Häufig duellierte er sich mit anderen Männern. Jeden, der sich über ihn und seinen Stil lustig machte, forderte er zum Zweikampf auf. Nach eigenen Angaben hatte er 22 Duelle unverletzt überlebt.

Von seinen Erlebnissen erzählte er auch Virginias Kindern, und sie zeigten sich beeindruckt von den Berichten des Abenteurers. Für viele andere im Umfeld der Familie jedoch war der Hausfreund bloß ein großmäuliger Dandy, dessen geölte Worte über seine bescheidene Herkunft hinwegtäuschen sollten. Denn in Wirklichkeit hieß der Mann mit dem exzentrischen Künstlernamen: Kurt Suckert. Als der Sohn eines sächsischen Wollfärbers und einer Toskanerin war er in der Nähe von Florenz in kleinbürgerlichen Verhältnissen aufgewachsen und hatte schon früh versucht, seiner bescheidenen Herkunft mit einem außergewöhnlichen Namen Glanz zu verleihen. In einem Anflug von Größenwahn entschied er sich für Malaparte: »der schlechte Teil«. Die Anekdote wäre nicht so bemerkenswert, wenn nicht ein anderer Mann einst denselben Namen getragen hätte: Malaparte soll ursprünglich der Nachname von Napoleon gewesen sein. Weil der Name ein böses Omen versprach, änderte ihn dessen Familie und nannte sich um in Bonaparte: »der gute Teil«.

Was andere mit ihrem Namen anstellten, war Giovanni I. gleichgültig. Er jedenfalls hatte nicht vor, den Namen seiner Familie durch das in seinen Augen unmoralische Treiben seiner Schwiegertochter mit dem windigen Literaten beschmutzen zu lassen. Er beauftragte seine Sicherheitskräfte. Sie sollten den Schriftsteller und die Ehefrau seines Sohnes beschatten. Wann immer Malaparte das Haus von Virginia betrat, begaben sich zwei seiner Männer vor den Eingang und beobachteten, wie lange sich der Dichter dort aufhielt und ob er über Nacht blieb.

Malaparte machte sich somit die zwei mächtigsten Männer Italiens zu Feinden. Denn nachdem er sich über die Jahre immer mehr vom

Faschismus ab- und den Kommunisten zugewandt hatte, bekam er es auch mit der Geheimpolizei Mussolinis zu tun. 1931 veröffentlichte der Freigeist einen Essay mit dem Titel *Technique du Coup* (*Der Staatsstreich*), das Mussolini nicht nur als Kritik an seiner Politik verstand. In seinen Augen rief Malapartes Schrift regelrecht zum Umsturz auf. Agnelli und Mussolini wurden unfreiwillig zu bizarren Komplizen: Der eine wollte den Eheschmarotzer aus seinem familiären Umfeld entfernen, der andere den Querulanten aus seiner politischen Umgebung.

Malaparte und Virginia aber führten ihre Beziehung fort. Ihre Kinder mochten den Abenteurer, der sie auch in den Ferien in ihrem Urlaubsort Forte dei Marmi besuchte. Vor allem Susanna war fasziniert von ihm und seinen Erzählungen: »Wenn er redete, verwandelten sich die Dinge, die er erzählte, in wunderbare Geschichten. Ich hätte ihm ewig zuhören, und er hätte ständig weiter erzählen können«, erinnert sie sich in ihrer Autobiografie. Auch die ältere Schwester Clara fand nichts Bedenkliches an dem Verhältnis ihrer Mutter mit dem Literaten. Sie mochte den Herren, der frischen Wind in ihr verstaubtes Familienleben brachte. Erst später revidierte sie ihr Urteil über die Liebschaft: »Meine Mutter«, sagt sie, »war unglücklich mit Malaparte.«

Gianni hatte eine andere Meinung darüber als seine Schwestern. Er mochte den Mann mit dem affektierten Auftreten nicht. Auch fand er, ähnlich seinem Großvater, der Mann kümmere sich zu viel um seine Mutter. Das hatte er zwar schon immer getan, aber nach dem Tag im Juli 1935, als Gianni seinen Vater bei dem tragischen Flugzeugunglück verlor, tat er dies erst recht.

Nur wenige Tage nach dem Tod Edoardos erreichte Virginia eine richterliche Verfügung. Der Inhalt des Papiers traf sie wie ein Schlag. Ihr wurde das Sorgerecht für ihre Kinder abgesprochen. Sie wurde angewiesen, sofort das Familienhaus zu verlassen. Ihre Kinder sollte sie alle vierzehn Tage für 48 Stunden zu sehen bekommen. Großvater Giovanni sollte ab sofort das Sorgrecht für die Kinder übernehmen.

Virginia begriff sofort: Wer in der Lage ist, einer Mutter die Kinder wegzunehmen, mit dem ist es zwecklos zu reden. Sie führte noch einige Telefonate mit ihren Anwälten. Die versuchten tatsächlich, eine Audienz bei Mussolini zu erwirken. Dann packte Virginia die Koffer und begab sich mit den Kindern auf die Flucht. Von Turin aus ging es mit dem Auto ins östlich gelegene Alessandria. Von dort aus sollte sie ein Zug nach Rom bringen. Virginia und ihre sieben Kinder pressten sich in eines der Abteile, verschlossen die Tür und schalteten das Licht aus. Als der Zug in Genua hielt, stiegen einige Männer in Uniformen hinzu. Sie durchsuchten die Abteile, und als sie in das der jungen Familie Agnelli stießen, war ihnen schnell klar, dass dies die Enkel des Senators waren. In Susannas Erinnerung hat sich die Szene, die sich in dem Abteil mit den fremden Männern und ihrer Mutter abspielte, eingebrannt wie ein Film auf Zelluloid. Der Dialog klingt noch heute in ihren Ohren nach:

Mann: »*In welcher Angelegenheit reisen Sie, Signora?*«
Mutter: »*Was meinen Sie damit?*«
Mann: »*Ich meine, was für eine Art Familie ist das?*«
Mutter: »*Eine Mutter mit sieben Kindern.*«
Mann: »*Ich verstehe.*«
Er gibt den anderen Männern ein Zeichen, dann wendet er sich wieder an die Mutter.
Mann: »*Es wird besser sein, wenn ihr aussteigt. Sie verstehen, Signora, dass unter den gegebenen Umständen diese Kinder zum jetzigen Zeitpunkt als geraubt gelten.*«
Dann der Mann zu den Kindern: »*Ich bitte euch, nicht zu schreien und kein Aufsehen zu erregen; das würde die Lage eurer Mutter nur verschlimmern.*«

Die Kinder gehorchten. Sie wurden von den Männern abgeführt, als hätten sie ein Verbrechen begangen. Sie verbrachten die Nacht in einem Hotel, am nächsten Tag wurden sie beim Großvater in Turin abgeliefert. Virginia blieb im Zug und fuhr unter Tränen allein weiter nach Rom.

In die Familienresidenz zurückgekehrt, begrüßte sie der Großvater.

Giovanni I. hatte wie so häufig seinen Willen durchgesetzt. Die Familie war zusammengeführt und sein Gesicht gewahrt. Die Liebe der Kinder aber gewann er dadurch nicht. Freunde waren sie und er sowieso nie wirklich gewesen. Bei den gemeinsamen Mittagessen saß der Familienpatriarch wie eh und je am Kopfende der Tafel. Ehefrau Clara saß neben ihm und schwieg. Die Kinder gruppierten sich um den Tisch und sprachen nur miteinander, wenn es nicht zu vermeiden war. Der Großvater hatte wie immer einen leeren Suppenteller vor sich. Daneben lag ein Trüffelmesser, davor ein Teller mit verschiedenen Gemüsearten. Jeden Mittag schnitt er sein Gemüse bedächtig in den leeren Suppenteller, salzte und pfefferte es und beträufelte es dann mit Olivenöl. Sein Mittagessen war so spärlich wie die Gespräche der Familie.

In der Zwischenzeit versuchte Virginia mit Hilfe ihrer Anwälte, Mussolini dazu zu bewegen, Einfluss zu nehmen auf die Justiz. Obwohl sie ursprünglich kaum jemand bei ihrem Kampf gegen ihren mächtigen Schwiegervater unterstützen wollte, fand sie Anwälte, die mit ihr eine sorgfältige Argumentation fanden, um Mussolini zu überzeugen: Mussolini selbst hatte für die Parteipropaganda immer den treuen Ehemann gegeben. In Wirklichkeit aber betrog er seine Frau Rachele mit der Arzttochter Claretta Petacci. Ihr hatte er nach ihrer ersten Begegnung 1932 den Kopf verdreht. Bis zum Tod Mussolinis 1945 sollte die Beziehung zwischen dem Duce und Claretta ein offenes Geheimnis bleiben.

Der Faschismus propagierte ein Geschlechterbild, das die Frau in erster Linie als fruchtbare und fürsorgliche Mutter vorsah. Unter diesen Voraussetzungen konnte Mussolini die Bitte Virginias um ihr Recht als Mutter nicht ausschlagen. Er intervenierte bei Giovanni Agnelli. Der Kampf der Mutter um ihre Kinder bewegte scheinbar auch den Großvater. Im Umfeld der Familie ließ er durchblicken, wie beeindruckt er plötzlich von Virginia war. »Eine Mutter«, sagte er, »die von ihren Kindern so sehr geliebt wird, muss anders sein, als ich gedacht habe.«

Am Ende trafen die beiden eine Abmachung. Die Kinder kehrten zur Mutter zurück. Im Gegenzug musste Virginia versprechen, ihre Liebschaft mit Malaparte zu beenden. Die Gerichte sprachen ihr das Sorgerecht wieder zu, mit ihren Kindern zog sie auf Anraten ihres Schwiegervaters von Turin an die Côte d'Azur, um sich dem Klatsch der feinen Gesellschaft zu entziehen. Die Beziehung zu Malaparte aber gab sie nicht auf.

Der Dichter hatte sich in den letzten Jahren endgültig die Faschisten zu Feinden gemacht. Zudem kämpfte er gegen ein schweres Krebsleiden. Ein faschistisches Tribunal machte ihm den Prozess und verbannte ihn auf die Vulkaninsel Lipari vor der Küste Siziliens. Später wurde er nach Ischia verlegt, weil sich einflussreiche Freunde bei Mussolini für ihn eingesetzt hatten. 1935 wurde Malaparte begnadigt. Seine Beziehung zu Virginia sollte er bis zum Jahr 1939 aufrechterhalten.

Zurück zum Jahr 1929. Beginn der Weltwirtschaftskrise. Der Zusammenbruch der US-Ökonomie wirkte sich direkt auf die Wirtschaft Europas aus. Durch die nach dem Ersten Weltkrieg entstandenen finanziellen und wirtschaftlichen transatlantischen Bindungen, breitete sich die Krise wie eine Seuche auch auf dem alten Kontinent aus. Die US-Wirtschaft hatte nach dem Ende des Krieges große Investitionen in Europa getätigt. Nun, da die wichtigsten Indikatoren in den USA abstürzten, bremsten US-Unternehmen ihre Investitionen auch in Europa. In Italien wirkte sich die Krise sofort auf den Arbeitsmarkt aus. Die Arbeitslosenquote stieg auf das Dreifache an. Unter Industriearbeitern zählte man 1929 rund 300 000 Arbeitslose. Drei Jahre später waren bereits eine Million Menschen ohne Beschäftigung. Im stillen Einverständnis zwischen den faschistischen Gewerkschaften und der Confindustria wurden die Löhne gesenkt: In der Industrie fielen sie um 15 Prozent, in der Landwirtschaft sogar um 24 Prozent. Infolgedessen fiel auch das Preisniveau. Die Nachfrage sank. Nur ein Indikator blieb auf beinahe unverändertem Niveau: die Produktionskapazität der italienischen Industrie. In ihrer Existenz auf dem Land bedroht, und in der Hoffnung, in den industriellen Zentren in Norditalien überleben zu können, flüchtete die Landbevölkerung in die Städte. Industriellen erschien diese Phase als rosig, denn die Ressource Arbeitskraft war nun so günstig wie lange nicht. Die Arbeitgeber konnten die Löhne bestimmen.

Um eine Massenflucht aus den ländlichen Gebieten zu verhindern, sah sich die Regierung 1931 gezwungen zu reagieren: Sie erließ das »Gesetz gegen den Urbanismus«. Zwei Jahre später, im Januar 1933, veranlasste Mussolini die Gründung einer Auffanggesellschaft für die durch die Weltwirtschaftskrise Bankrott gegangenen Firmen, das Istituto per la Ricostruzione Industriale (IRI). Die Dachgesellschaft zum Wiederaufbau der Wirtschaft übernahm und verwaltete die Aktienpakete der geretteten Unternehmen. Von der IRI hingen plötzlich 50 Prozent der Schwerindustrie ab (Eisen, Stahl und Werften), in einigen militärisch relevanten Segmenten sogar bis zu 100 Prozent. Die staatliche Holdinggesellschaft kontrollierte darüber hinaus 30 Prozent der Produktion elektrischer Energie, 15 Prozent der Textilproduktion, einen großen Teil des Telefonnetzes und bedeutende Banken, wie die Banca Commerciale, Credito Italiano und Banco di Roma. Was von Mussolini in den Jahren der Weltwirtschaftskrise als »vorübergehende Auffanggesellschaft« gegründet worden war, eröffnete der Politik in den dreißiger Jahren maßgeblichen Einfluss auf die Wirtschaft. Die italienische Ökonomie wurde so unterschwellig nationalisiert.

FIAT hatte sich bis 1929 zum führenden italienischen Industrieunternehmen entwickelt. Konkurrenzfirmen wie Alfa Romeo oder Lancia bauten zur gleichen Zeit zwar Autos mit einem höheren technischen Standard. Alfa beispielsweise gewann 1925 die erste offizielle Autorennsport-Weltmeisterschaft. Doch während die Autos aus den Konkurrenzhäusern bloß die genüsslichen Blicke der Großbürger und Aristokraten auf sich zogen, verdiente FIAT das große Geld. Im Werk Lingotto in Turin gingen mittlerweile fast 40 000 Fahrzeuge vom Band, das waren 60 Prozent der italienischen Gesamtproduktion. In Europa war nur die Firma Volkswagen aus Deutschland erfolgreicher.

Die Autosparte war aber nur das Fundament der Unternehmenspyramide, die Agnelli in den letzten Jahrzehnten errichtet hatte. Sein Firmenimperium umfasste mittlerweile Betriebe in der Stahlindustrie, der Luftfahrttechnik, dem Flugzeug-, Schiffs-, U-Boot- und Straßenbau. Ende der zwanziger Jahre war kein Unternehmen in Italien größer als FIAT, kein Unternehmer mächtiger als Agnelli. Noch vor einigen Jahren hatte er versucht, mit seinem Unternehmen in den USA Fuß zu fassen. Dort suchte er nach Kooperationsmöglichkeiten mit dem Industriemogul Henry Ford. Nun, da die US-Wirtschaft am Boden lag, orientierte er sich neu. Anstelle der USA betrat Deutschland als größter Wirtschaftspartner Italiens die Bühne. Dort setzte man vor allem auf die Schwerindustrie und die Infrastrukturen zur Wiederbewaffnung. Italien exportierte vor allem Mittelmeerprodukte wie Olivenöl und Wein nach Deutschland, aber auch Textilien und vor allem Industriemaschinen. Und auch der Tourismus aus dem Norden brachte Geld in die italienische Staatskasse.

In Italien wurde mit dem Entschluss, einen Krieg gegen Äthiopien vorzubereiten, die Waffenproduktion angekurbelt. Wie in Deutschland galt die Wiederbewaffnung auch in Italien als Patentrezept, um die Konjunktur schnell zu beleben. Durch die Militarisierung der Arbeitswelt wurde die steigende Arbeitslosigkeit in den Städten gebremst. Auf dem Land blieb die Situation der Arbeiter und Bauern hingegen kritisch. Der sich anbahnende Krieg Italiens in Äthiopien sollte Agnellis Industrieimperium stärken. Der Aggressor Mussolini setzte auf die Unterstützung FIATs bei seiner kriegerischen Außenpolitik. Bei seinem Besuch in den FIAT-Werken 1932 sicherte er Agnelli und seiner Belegschaft im Gegenzug jegliche politische Unterstützung zu.

Ein Jahr später streifte Giovanni I. das Schwarzhemd über. Als überzeugter Liberaler trat er nun doch dem PNF bei. Der Schulterschluss mit den Faschisten schien ihm in dieser Phase ein notwendiger Schritt zu sein, um sein Unternehmen voranzutreiben. Seine Ehefrau Clara war angeblich besorgt, als sie für ihren Mann ein schwarzes Hemd kaufen sollte. Seinen Gesinnungswechsel konnte sie nur schwer nachvollziehen, zumal er ihn mit den ironischen Worten flankierte: »Gib kein Geld für ein schwarzes Hemd aus. Färbe ein weißes Hemd mit schwarzer Tinte. Eines Tages werden wir es wieder waschen müssen.«

Das Rüstungsunternehmen FIAT als Teil der faschistischen Kriegspropaganda: »Siegen!«

1945 sollte Giovanni I. seinen Beitritt zum PNF als »bitteren Kelch« bezeichnen, den er gereicht bekam und nicht ablehnen konnte. Denn mit dem Entschluss Mussolinis, das Werk des amerikanischen Konkurrenten Ford in Triest zu schließen und somit die italienische Autoindustrie zu protegieren, umarmte der Faschist Mussolini den Liberalen Agnelli und sicherte sich so dessen Unterstützung. Der Geschäftsmann geriet – halb wurde er gezogen, halb sank er hin – in die Fänge des Verführers.

Mussolini bereitete derweil seinen Einmarsch in Äthiopien vor. Schon einmal, Ende des 19. Jahrhunderts, war das Hochland zwischen Eritrea und Somalia Ziel eines italienischen Eroberungsversuchs gewesen. 1866 endete die angestrebte Annexion mit einem Fiasko. Nun sollten die Faschisten erneut versuchen, das nordafrikanische Kaiserreich zu besetzen. In politischer, aber auch in psychologischer Hinsicht versprach sich Mussolini von einer erfolgreichen Militäraktion, dass diese Italien in die Riege der Kolonialmächte hieven und somit weltpolitischen Einfluss bringen würde. Zum anderen sollte eine erfolgreiche Militäraktion das faschistische Weltbild im Bewusstsein der Bevölkerung festigen. Im Zuge der Kriegsvorbereitungen organisierte Mussolini Teile der italienischen Wirtschaft neu. Er richtete ein so genanntes Kommissariat für die Kriegsproduktion ein. Ihm unterstanden ab sofort 876 Fabrikanlagen und 580 000 Arbeiter. Wichtige Rohstoffe, wie Kohle, Kupfer, Zinn und Nickel, wurden staatlich monopolisiert.

Die Waffenproduktion lief auf Hochtouren. FIAT baute Schiffs- und U-Boot-Motoren für die Marine. Die Waffenlager waren prall gefüllt, als italienische Streitkräfte im Oktober 1935 Äthiopien überfielen. Doch schnell erwies sich der als Blitzaktion geplante Feldzug als langwierig. Trotz der Überlegenheit der italienischen Armee dauerte die Militäraktion sieben Monate. Erst am 9. Mai 1936 konnte Mussolini großspurig »das Wiedererscheinen des Römischen Imperiums« verkünden. Die italienische Aggression stieß bei der Völkergemeinschaft hingegen auf Widerstand, und sie entschloss sich zu wirtschaftlichen Sanktionen gegen Italien. Deutschland hingegen war aus der Gemeinschaft gerade wieder ausgetreten, nachdem die Nationalsozialisten 1933 an die Macht gekommen waren. Adolf Hitler erkannte seine Chance. Er wollte Mussolini stärker an sich binden und förderte die wirtschaftlichen Beziehung mit Italien nun erst recht.

Die Sanktionen hatten kaum Wirkung auf die wirtschaftliche Situation Italiens. Im Gegenteil. Mussolinis Propagandaapparat schob der Völkergemeinschaft die Schuld für die miese wirtschaftliche Situation Italiens in die Schuhe. Er initiierte die Kampagne »Gold fürs Vaterland«, in der die Bevölkerung aufgerufen wurde, die Goldbestände des Staates aufzufüllen. In einer groß angelegten Sammelaktion spendeten 1935 rund 100 000 Menschen ihre Eheringe dem italienischen Staat. Am 16. Juli 1936 hob die Völkergemeinschaft das Embargo gegen Italien wieder auf. Frankreich und Großbritannien erhofften sich davon, die politische und wirtschaftliche Situation in Europa zu beruhigen. Mussolini allerdings dachte nicht daran, die Wogen zu glätten. Er fühlte sich in seiner harten Haltung bestätigt. Nur wenige Monate später, am 1. November 1936, verkündete er die Achse Berlin–Rom. Die Regime in Deutschland und Italien hatten mehrere wirtschaftliche und sicherheitspolitische Abkommen geschlossen. Auf Grundlage dieser Verträge steigerte Italien seinen Export nach Deutschland von 18 auf 29 Prozent. Adolf Hitler stellte sich öffentlich hinter die italienische Herrschaft über Äthiopien. Auf diese Weise wollte er die außenpolitische Position Italiens stärken. Dann nahm er Italien im Januar 1937 in den Antikomintern-Pakt auf. Nun gehörte auch Italien, neben Japan, der antibolschewistischen Koalition an.

Im Sommer 1939 unterzeichneten Rom und Berlin dann den so genannten Stahlpakt. Darin versicherten sich die Vertragspartner, den jeweils anderen im Kriegsfall zu unterstützen. Im August desselben Jahres schlossen die UdSSR und Deutschland einen Nichtangriffspakt. Mit diesen beiden Verträgen hatte sich Hitler für den sich anbahnenden Krieg einerseits Italien an die Seite geholt, andererseits die Sowjetunion vom Leib gehalten. Nur wenige Tage später, in der Nacht vom 31. August auf den 1. September, griff die deutsche Wehrmacht Polen an. Der Zweite Weltkrieg hatte begonnen – doch ohne Italien. Die leeren Waffenkammern und der schlechte Zustand der Armee erlaubten Mussolini nicht, in den Krieg zu ziehen. Er sah sich gezwungen, Hitler eine Verfügbarkeitserklärung zu senden, in der er Deutschland anstelle von militärischer Unterstützung Rohstoffe und Fertigprodukte anbot. Hitler nahm an, der Bündnispartner wurde zur Nachschubsektion. Italien schickte Arbeitskräfte, Nahrungsmittel und Industriemaschinen. Erst als die italienischen Waffenarsenale aufgefüllt und Soldaten, Flotte und Luftwaffe gestärkt waren, setzte auch Mussolini seine Armee in Bewegung. Am 10. Juni 1940 trat Italien in den Krieg ein.

Das Bündnis Roms mit Berlin ermöglichte Giovanni I. ein leichtes Entree auf dem deutschen Markt. Der Mann, der ihn als rechte Hand dabei unterstützte, hieß Vittorio Valletta. Hatte Giovanni I. sein Unternehmen lange als Familienunternehmen geführt, in dem er als Patriarch alle entscheidenden Positionen für Mitglieder des Clans reserviert hatte, so verwunderte sein Sinneswandel im Falle Vallettas. Dieser sollte im Laufe der nächsten Jahre wie niemand vor ihm das Vertrauen des Firmenchefs gewinnen – und nach dem Ende des Zweiten Weltkriegs die Führung des Firmenimperiums übernehmen. Giovannis Sohn Edoardo, so hatte man im Familienumfeld bis zu dessen plötzlichem Tod gemunkelt, war talentiert genug, einen Fußballverein wie Juventus Turin zu führen oder einen Ferienort wie Sestiere zu managen. Ein Großunternehmen wie FIAT jedoch konnte nicht in seine unzuverlässigen Hände gegeben werden. Und Gianni, der Enkel, war noch zu jung. Giovanni I. machte also Valletta zur ersten angestellten Führungskraft eines italienischen Großkonzerns, die man als modernen Manager bezeichnen könnte.

Wer aber war Vittorio Valletta? Er wurde 1883 geboren, seine Familie ließ sich früh in Turin nieder. Dort begann er eine Ausbildung als Buchhalter, später besuchte er eine höhere Handelsschule, die damals den Rang einer heutigen universitären Wirtschaftsfakultät hatte. Er heiratete 1906, seine Frau gebar ihm eine Tochter. 1909 schloss Valletta seine Ausbildung ab und begann den Militärdienst. Ins zivile Leben zurückgekehrt, gründete er seine erste Firma, eine Unternehmensberatung. Schon hier zeichnete sich sein autoritärer Führungsstil ab. Dieser setzte auf jene Qualitäten, die auch Giovanni I. schätzte: Disziplin, Loyalität und Wille. Vallettas Stärken lagen in der Organisation und Administration. Er war ehrgeizig, fast verbissen. Den Arbeitsrhythmus seiner Angestellten hatte er in drei Phasen unterteilt, weil er glaubte, dass sie auf diese Weise am effektivsten sein konnten: von 8.30 bis 12 Uhr, von 14 bis 19 Uhr und von 20.30 bis 22.30 Uhr. Er selbst ging als gutes Beispiel bei der Einhaltung dieser Zeiten voran. Politisch verabscheute er die Roten wie die Schwarzen. Ideologien hatten im Geschäftsleben nichts zu suchen, meinte er genauso wie sein späterer Boss Giovanni Agnelli. Tatsächlich sollte das Duo während des Zweiten Weltkrieges mit jedem

Geschäfte machen: mit der eigenen Regierung und dem deutschen Regime, aber auch mit den Franzosen, Amerikanern und Engländern. In den fünfziger und sechziger Jahren sollte Valletta auch mit den Russen ins Geschäft kommen und die Verbindungen nutzen, die Giovanni I. in den dreißiger Jahren dort aufgebaut hatte.

1921 holte Agnelli den 1,56 Meter großen Valletta ins Unternehmen. Noch zu Lebzeiten Giovannis wurde Valletta Präsident der Kugellagerfabrik RIV und der zwischenzeitlich in Familienbesitz übergegangenen Tageszeitung *La Stampa*. Nach dem Tod Giovanni Agnellis 1945 sollte er den Vorsitz der FIAT-Gruppe übernehmen und das Unternehmen bis 1966 führen. Viele waren über den Aufstieg des Buchmachers Valletta überrascht. Wie konnte ein Mann, der weder der Familie Agnelli entstammte, noch dem Großbürgertum oder Adel angehörte, so schnell so großen Erfolg haben? Bereits 1920, als Giovanni Agnelli nach den Fabrikbesetzungen seinen Rücktritt androhte, soll sich Valletta zu einer flammenden Rede aufgeschwungen haben. In pathetischen Worten appellierte er an Agnelli, seiner Pflicht für »Italien, Turin und FIAT« nachzukommen. Agnelli soll beeindruckt gewesen sein. Doch nicht nur diese Rede hat Valletta zu dem gemacht, was er wurde: Die italienischen Historiker Aldo Alessandro Mola und Anna Maria Isastia wollen 1987 bei Recherchen in den Archiven der italienischen Freimaurer den Namen Vittorio Valletta entdeckt haben. Dieser mächtigen Verbindung soll er also unter anderem den Aufstieg in die Machtetagen der italienischen Wirtschaft zu verdanken haben. Genaues wissen wenige – und sie schweigen noch heute.

Italien funktioniert von jeher als ein Netzwerk aus Seilschaften, Beziehungen und Allianzen. Stärker als in jedem anderen Land der westlichen Welt ist der persönliche Erfolg hier von den Verbindungen abhängig, die man hat. Das war immer so, auch zu Zeiten von Agnelli und Valletta, und das ist heute nicht anders. In Italien bedeutet das, auch dann einen Prozess zu gewinnen, wenn man im Unrecht ist; eine Anstellung zu erhalten, wenn andere Bewerber besser sind; einen Auftrag zu bekommen, wenn die Konkurrenz fleißiger ist.

Vittorio Valletta: Giovanni Agnellis rechte Hand übernahm 1945 den Vorsitz bei FIAT.

Der Austausch von Gefälligkeiten ist das krisensicherste Geschäft in Italien. Wenn die Wirtschaft leidet, die Politik kriselt, die Fußball-Nationalmannschaft schwächelt, die Familie zerbricht – das Geschäft mit den Gefälligkeiten ist davon nicht betroffen. Nicht nur der Ausgang der Kämpfe der Gesellschaftsoberen um politische Macht, sondern auch jener des kleinen Mannes um Arbeit und Wohlstand ist von dem Wert seiner Seilschaften abhängig.

Während Valletta sich nach seinem Eintritt bei FIAT stetig emporarbeitete, dachte Giovanni I. über eine Form der Autoherstellung nach, die kostengünstig eine höhere Produktivität sichern sollte. Nach einem Besuch bei seinem Freund Henry Ford in den USA war Agnelli von der Serienproduktion, die das amerikanische Unternehmen vormachte, begeistert. Auf diese Weise meinte Giovanni Agnelli, endlich

Autos produzieren zu können, die auch für Kleinverdiener erschwinglich waren. Bis dahin hatte FIAT in seinem 1922 errichteten Werk Lingotto nur Autos für die gehobene Klasse gebaut. Die Produktionsstätte besaß fünf Etagen und eine Gesamtfläche von 153 000 Quadratmetern. Für das Dach des Gebäudes hatten die Architekten eine Teststrecke entworfen.

Unter den verschiedenen in Lingotto produzierten Modellen stach der luxuriöse Fiat 519 hervor, ein 4 766 Kubikzentimeter großer Sechszylinder mit Allradbremsung sowie höhen- und längenverstellbarem Lenkrad. Für den Motor wurde eine Ausführung mit hängenden Ventilen aus der Rennwagenproduktion übernommen. 1925 wurde das Werk auf 350 000 Quadratmeter erweitert. Anlässlich des Automobilsalons von Mailand präsentierte FIAT seinen Typ 509. Das war der erste Kleinwagen des Unternehmens, der in Großserie produziert wurde. Das Modell war in drei Versionen erhältlich: »Sportive«, »Taxi« und »Commerciale«. Sein Preis von 16 000 bis zu 25 000 Lire machte ihn aber für die Masse noch immer unerschwinglich. Ein Facharbeiter verdiente in dieser Zeit etwa 500, ein Bankangestellter 700 Lire. 1932 glückte der Versuch, ein erstes massentaugliches Auto zu konstruieren. Beim Mailänder Automobilsalon stellte FIAT sein Modell 508 vor, das auch Balilla genannt wurde und so etwas werden sollte wie der deutsche Volkswagen. Der Balilla verfügte über drei Gänge und war äußerst robust. Es war mit einem Vierzylinder und Hydraulikbremsen ausgestattet und meisterte extreme Steigungen. Der 508 wurde auch »Mindesttarif« genannt, weil er wenig Kraftstoff benötigte. Sein Verbrauch lag bei acht Litern pro 100 Kilometer. Die Limousinenversion kostete 10 800 Lire. Doch was die FIAT-Bosse als Coup feierten, verärgerte Benito Mussolini. Immer wieder hatte er die FIAT-Führung aufgefordert, ein Auto zu bauen, für das ein Normalverdiener wesentlich weniger als ein komplettes Jahresgehalt aufbringen musste – und zwar nicht mehr als 5 000 Lire.

Agnelli betraute seinen technischen Direktor Antonio Fessa mit dieser Aufgabe. Er sollte das Wunder vollbringen, das Mussolini endlich zufrieden stellen sollte. Vier Jahre später war es soweit: Am 15.

Juni 1936 präsentierte FIAT das italienische Pendant zum deutschen Volkswagen. Der FIAT 500 war zu diesem Zeitpunkt das kleinste Automobil der Welt, welches in Großserie produziert wurde. In den Jahren bis 1955 wurden 510 000 Stück davon hergestellt. Der Volksmund nannte den Wagen »Topolino«, Mäuschen. Den Spitznamen erhielt das Fahrzeug ursprünglich von einem Journalisten des englischen Automagazins *Light Car*. Er verglich den FIAT 500 mit Walt Disneys Mickey Mouse. Aus dem Namen der Zeichentrickfigur wurde der Markenname des Autos. FIAT aber produzierte Mitte der dreißiger Jahre nicht nur Personenautos der unteren Preiskategorie, auch die Sparten der Lastkraftwagen, der Eisenbahn- und Schiffsmotoren wurden immer erfolgreicher. In den nächsten Jahren kam die groß angelegte Produktion von Kriegsgerät hinzu. 1935 arbeiteten 44 000 Menschen in den FIAT-Werken. Bis 1940 stieg die Zahl der Beschäftigten auf 70 000. Allein die Autosparte wuchs im gleichen Zeitraum von 41 000 gebauten Einheiten auf 55 553. Um die gesteigerte Produktion von Fahrzeugen, Motoren und Kriegsgerät zu bewältigen, entschlossen sich Agnelli und Valletta, ein neues Werk zu bauen.

Das Werk Mirafiori wurde am 14. Mai 1939 eröffnet. Das Mirafiori-Gelände war eine Million Quadratmeter groß, 300 000 davon waren bebaut, der Rest bestand aus Teststrecken und anderen Versuchsarealen. Insgesamt waren hier 22 000 Arbeiter tätig. Sie produzierten Autos am Fließband, so wie beim großen Vorbild General Motors. Mirafiori nahm damit eine Vorreiterrolle ein, ohne die sich die italienische Automobilindustrie insgesamt nie hätte derart entwickeln können. Die Autoindustrie bildet bis heute eine der wesentlichen Säulen der italienischen Wirtschaft. FIAT war im Jahr 2000 der fünftgrößte Automobilhersteller der Welt. Unternehmerisch betrachtet erwies sich Giovanni I. erneut als Visionär. Politisch allerdings geriet er in die Kritik. Bei der Eröffnung des Werkes Mirafiori ließ er sich während seiner Rede zu Sätzen verleiten, die ihn in den Augen seiner Gegner einmal mehr als Opportunisten erscheinen ließen. Vor Gästen und Belegschaft sagte er im Schwarzhemd: »Die zerstörerischen Zeiten der Linken, die in den großen Arbeiterkämpfen und Fabrikbesetzungen endeten, sind endgültig vorbei. In jenen Tagen wurde unser Vertrauen und Enthusiasmus missbraucht. Denn mit den Linken an unserer Seite bauten wir auf Sand. Dank Mussolini hingegen, dem Befreier und Restaurator, wird Italien nicht untergehen.«

Durch erfolgreiche Allianzen mit einflussreichen Unternehmern wie Agnelli und anderen stärkte Mussolini sein innenpolitisches Machtgeflecht. Außenpolitisch aber schwächelte er. Schon kurze Zeit nach dem Einritt Italiens in den Krieg, erwies sich die groß angekündigte militärische Durchschlagskraft von Mussolinis Armee in Wirklichkeit als eher gering. Die Wehrmacht eroberte am 24. Juni 1940 Paris und zwang Frankreich zu einem Waffenstillstandsabkommen. Italien drang kurze Zeit später über die Alpen ebenfalls in Frankreich ein. Doch obwohl die italienischen Streitkräfte im Grunde bereits besiegten französischen Divisionen gegenüberstanden, konnten sie keinen deutlichen Sieg erringen. Das Problem war weniger der Widerstand der Franzosen, in Schwierigkeiten brachte sich die italienische Armee selbst. Mussolinis Truppen waren schlecht organisiert. Beispielsweise trafen sie mit Sommeruniformen in den Alpen ein, und viele Soldaten erfroren. Andere kamen in schlecht geführten Gefechten um – fast 2 000 italienische Soldaten starben, auf der französischen Seite waren es 37. Schließlich hatte Italien das französische Mantons eingenommen und einige Alpendörfer. Mehr nicht.

Trotz der spärlichen Erfolge stellte Mussolini zunächst Forderungen an Berlin, die in keinem Verhältnis zu seinen Resultaten standen. Seine schwache Verhandlungsposition brachte Mussolini jedoch zunehmend in Abhängigkeit von seinem Verbündeten. Mussolini verlangte von Berlin erhöhte Lieferungen an Rohstoffen und Waffen. Der deutsche Staatssekretär, Ernst von Weizsäcker, notierte in diesen Tagen in seinem Tagebuch: »Dieser Verbündete würde uns den größten Dienst leisten, wenn er sich ruhig verhielte.« Bescheidenheit und Demut aber waren die Sache Mussolinis nie gewesen. Die Liste seiner Forderungen war vermessen. Italien benötigte über eine Million Tonnen Kohle pro Monat. Seit dem Sommer 1940 kontrollierte Deutschland die Kohleressourcen Kontinentaleuropas. Kohle diente als Rohstoff für die italienischen Schwerindustrie zur Produktion von Energie und war damit auch für das Leben der Bevölkerung unabdingbar. 80 Prozent des italienischen Bedarfs hing von deutschen Lieferungen ab. Dazu forderte Mussolini Schrott für die Stahlindustrie, Diesel und Erdöl sowie 200 000 Tonnen Getreide. Hitler aber beschloss, den italienischen Unternehmen hauptsächlich Aufträge zur Waffenproduktion zu erteilen. Mehr nicht. Im Gegenzug verpflichtete sich Italien, Deutschland 204 000 Industriearbeiter zur Verfügung zu stellen. Sie sollten den Arbeitskräftemangel decken, der sich durch die Rekrutierung von Soldaten zur Wehrmacht ergeben hatte.

Von der Kriegserklärung Italiens erfuhr Susanna aus dem Radio. Gemeinsam mit ihrer Mutter hielt sie sich in der Familienresidenz in Forte dei Marmi auf. Ihre Mutter weinte. Susanna aber beschlich so etwas wie Faszination für den Krieg. »Für uns bedeutete der Krieg ein unbekanntes Abenteuer, und wenn man jung ist, haben Dinge, die man nicht kennt, eine große Anziehungskraft«, berichtet sie später. Schon bald allerdings merkte sie, der Krieg war kein Abenteuer: Susanna war zwanzig Jahre alt und arbeitete als Krankenschwester. Im Hospital pflegte sie die italienischen Verwundeten, die von der französischen Front heimkehrten. Die verletzten Soldaten holten sie auf den Boden der Tatsachen zurück, denn sie berichteten ihr von dem fatalen Alpenfeldzug der Italiener gegen Frankreich – ohne Socken, in nicht wasserfesten Stiefeln seien sie über die Berge marschiert und sahen sich plötzlich mit den Maschinengewehrsalven des Feindes konfrontiert. Der Krankensaal, in dem sie arbeitete, offenbarte Susanna, dass der Krieg schmerzhaft war und seine Opfer forderte. Die italienische Bevölkerung indes war noch verblendet von der Propaganda. Sie erwartete einen euphorischen Feldzug und einen schnellen Sieg der italienischen Streitkräfte.

Während die Welt im Krieg lag, entdeckte Susanna die Liebe zu dem Sizilianer Raimondo Di Trabia. Den Offizier hatte sie bereits vor

Jahren auf einer Party kennen gelernt. Immer wieder hatten sie sich getroffen, und je öfter sie sich sahen, desto mehr entdeckte Susanna eine tiefe Zuneigung zu dem vitalen Mann. Sie reisten durch Sizilien, aßen bei seiner Familie und verbrachten ihre Tage am Strand. Irgendwann merkte Susanna, dass ihre anfängliche Zuneigung dem Verliebtsein gewichen war. Der Krieg war weit entfernt, was zählte, war nur das Beisammensein mit Raimondo.

Raimondo war sehr eng mit Galeazzo Ciano befreundet, dem Schwiegersohn Mussolinis. Mussolini war bekannt dafür, dass er entscheidende Positionen innerhalb seines Machtgeflechts mit Mitgliedern seiner Familie besetzte. Ciano gehörte dazu. Er war Außenminister. Als Freund nahm Ciano Raimondo häufig auf seine Dienstreisen mit. Manchmal pflegten sie auch gemeinsam in einem der vielen großbürgerlichen Lokale Roms zu speisen. »Ciano war das mondäne Abbild der Macht«, sagt Susanna. Er war ein Hedonist und ein Machtmensch mit einem gewissen Charisma, der seine Umgebung dazu verleitete, fast lächerliche Angewohnheiten an den Tag zu legen, sobald er den Raum betrat. »Um die Mittagszeit versammelten sich alle im Club Acqua Santa und warteten wie Bettler auf das ›Ciao‹ von Galeazzo. Die Frauen benahmen sich mit einem peinlichen Mangel an Würde. Die momentane Favoritin wurde umschmeichelt, beneidet, verabscheut und umworben«, erinnert sich Susanna. »Mit Galeazzo eingehängt zu gehen, mit Galeazzo gesehen zu werden, von Galeazzo beschlafen zu werden, das waren die wahren Zeichen des Erfolgs.« Durch ihre Liebschaft mit Raimondo verfolgte Susanna Galeazzos Schicksal hautnah mit. Und sein Schicksal war eng mit dem Mussolinis verknüpft.

Am 6. April 1941 überfiel die deutsche Wehrmacht Jugoslawien. Italien besetzte Dalmatien und Montenegro sowie ungarische und bulgarische Landstriche. Dann folgte die Eroberung Griechenlands, das am 21. April kapitulierte. In Tripolitanien, dem italienischen Teil Libyens, waren zwischenzeitlich die Truppen des deutschen Afrikakorps gelandet. Diese hatte Hitler geschickt, um die dortigen Verbündeten im Kampf gegen die Briten zu stärken und um in Ägypten einzumarschieren. Die deutsch-italienischen Truppen erwiesen sich aber als zu schwach, um die britische Vorherrschaft im mittleren Osten zu gefährden. Zudem hatte Deutschland schon längst seine Kräfte auf den bevorstehen Russlandfeldzug konzentriert. Nur Mussolini wusste dies noch nicht. Erst am 22. Juni 1941 erfuhr er von der bereits angelaufenen Attacke der Wehrmacht auf Stalins Reich. Ohne Hitler darüber zu informieren, organisierte Mussolini ein Expeditionskorps. Er wollte, dass Italien an dem erwarteten Blitzsieg über das russische Reich beteiligt war, um später Ansprüche auf die besetzten Gebiete anmelden zu können.

Die schnelle Kapitulation Russlands ließ aber bekanntlich auf sich warten. Im Frühjahr 1942 sah sich Mussolini gezwungen, weitere Einheiten zu mobilisieren, um die Wehrmacht zu unterstützen. Inmitten der ausgesandten italienischen ARMIR (Armata Italiana in Russia) – bestehend aus 229 000 Männern, 25 000 Reittieren, 167 000 Fahrzeugen, 2 091 Artilleriewaffen, 31 Panzern und 100 Flugzeugen – war auch ein Mitglied der Familie Agnelli, Unterleutnant Gianni, der Enkel des FIAT-Gründers.

Da er Halbwaise war, hätte er ohne Schwierigkeit seinen Militäreinsatz vermeiden können. Zudem war er zu diesem Zeitpunkt bereits offiziell bei FIAT angestellt. Sein Großvater versuchte vergeblich, seine Beziehungen in die Politik spielen zu lassen. Gianni aber wollte sich von seinem Vorhaben nicht abbringen lassen. Er warf seine eigenen Beziehungen in die Waagschale und wandte sich an Edda Ciano, die Tochter von Mussolini. Kurz darauf rückte auch Gianni ein.

Mitte Dezember 1942 wurden die Stellungen der ARMIR durch einen gewaltigen Gegenangriff der sowjetischen Armee aufgebrochen. Die italienische Expedition sah sich zum Rückzug gezwungen. Von den ursprünglich 229 000 Soldaten erschienen bloß 85 000 zum Appell. Die Rote Armee hatte die sechste deutsche Armee in Stalingrad eingekesselt. In Italien führten diese Nachrichten zu großer Unsicherheit in Militärkreisen. Auf der einen Seite beschlossen sie, das faschistische Regime stützen zu wollen, solange es ging. Auf der anderen aber wollten sie das heimische Territorium sichern, um das Königreich zu erhalten, sollte Mussolini stürzen. Bald begann auch der Glaube der italienischen Zivilbevölkerung an die faschistische Propaganda zu bröckeln. Die Resignation wuchs, denn die vollmundigen Ankündigungen Mussolinis, wonach der Krieg alsbald erfolgreich beendet sein würde, erwiesen sich offensichtlich als leere Versprechungen.

Die Wirtschaftspolitik Mussolinis geriet zudem mehr und mehr in die Kritik. Vor allem in den unteren Schichten der Bevölkerung wuchs der Unmut über die Parteiführung. Frauen organisierten Proteste gegen die hohen Lebensmittelpreise und die Reduzierung der Brotrationen. Immer mehr Bauern weigerten sich, ihre Ernten auf öffentlichen Plätzen abzugeben. Als die Menschen zudem von der Niederlage der ARMIR in Russland erfuhren, ahnten sie, was Mussolini noch nicht wahrhaben wollte: Das Ende nahte.

Die aufkommende Tragödie bedrohte auch die Familie Agnelli. Giovanni I. geriet im November und Dezember des Jahres 1942 in Bedrängnis, als das Werk Mirafiori zum Ziel alliierter Bombenangriffe wurde. Die Rüstungsproduktion geriet ins Stocken. Die Kugellagerfabrik RIV in Villar Perosa wurde im Bombenhagel getroffen, ebenso wie das Elternhaus von Gianni Agnelli am Corso Oporto in Turin. Seine Schwester Clara befand sich zu diesem Zeitpunkt in der Stadt, weil sie ihren Schmuck sichern wollte. Kurz nachdem sie aus dem Haus gelaufen war, machten Luftangriffe der Alliierten den Bau dem Erdboden gleich. Sie entkam nur knapp dem Tod.

Doch nicht nur die Bombenangriffe erschwerten die Produktion. Mussolini schaffte es zudem nicht, die Werke weiterhin mit Rohstoffen und Finanzmitteln zu versorgen. Auch sein Versprechen, die Belegschaften zerbombter Industrieanlagen mit einem Monatsgehalt abzufinden, blieb unerfüllt. In den Fabriken machte sich Unmut breit – auch unter den Mitarbeitern der FIAT-Werke. Zwischen dem 5. und 10. März 1943 traten die Arbeiter zahlreicher Unternehmen im Norden des Landes in einen Streik. Am 13. März folgte auch die FIAT-Belegschaft. Sie forderte die Erhöhung der Löhne und Lebensmittelrationen, zudem pochte sie auf die versprochenen Entschädigungszahlungen. Im Untergrund formierte sich der antifaschistische

Widerstand. Teile der Bevölkerung begannen für den Frieden zu protestieren. Die mangelnde Gegenwehr der Behörden bestätigte sie in ihrem Anliegen. Dem gewerkschaftlichen Engagement der Kommunisten in den Fabriken konnten die Vertreter der faschistischen Partei immer weniger entgegensetzen. Das Regime taumelte. Nach der verheerenden Niederlage in Russland war den Eliten klar, der Krieg würde verloren gehen. Sie begannen sich langsam vom faschistischen Regime zu lösen. So wie König Vittorio Emanuele III. Er hatte vor zwanzig Jahren zur Errichtung des Regimes einen entscheidenden Beitrag geleistet. Nun sah er die Krone gefährdet und distanzierte sich von den Faschisten.

Innerhalb des PNF wurden Stimmen laut, die sich für einen am Westen orientierten »Faschismus ohne Mussolini« stark machten. Demgegenüber standen die Unverbesserlichen, die an dem Bündnis mit Deutschland festhalten wollten. Die katholische Kirche hingegen empfahl, zum Status quo ante zurückzukehren – zur Zeit vor dem Faschismus. Viele Großindustrielle in Italien glaubten indes nicht mehr an die Durchhalteparolen der Regierung. Auch Giovanni Agnelli nicht. Während er offiziell nicht müde wurde, seine Loyalität gegenüber dem Regime zu bekunden, erkundete er inoffiziell bereits andere Möglichkeiten, die das drohende Desaster abwenden sollten. Angeblich soll er über einen Mittelsmann versucht haben, Kontakt zu den Alliierten aufzunehmen, um so etwas wie einen Separatfrieden auszuhandeln. Sein Angebot lautete: FIAT wolle sich verpflichten, keine Lieferungen mehr an Deutschland zu tätigen. Innenpolitisch sicherte er sich zudem durch einen dritten Schachzug ab: Das Königshaus ließ er wissen, er habe vor, es zu stärken, damit es den Austritt aus dem Pakt mit Deutschland voranbrächte.

Die politische Gesamtentwicklung trieb Mussolini in die Enge. Die Kommunistische Partei hatte trotz des langjährigen faschistischen Regimes gewisse Organisationsstrukturen aufrechterhalten können. Im Untergrund gaben sie wieder die Zeitung *L'Unitá* heraus. Ihr Widerstand wurde verstärkt durch sozialistische Splittergruppen, aber auch liberale Kreise kritisierten Mussolini und sein Regime vehement. Sogar innerhalb der katholischen Kirche gab es nun feindliche Stimmen gegenüber der Staatsmacht. Im Oktober 1942 wurde die Democrazia Cristiana (DC) gegründet, die Partei der Christdemokraten. Auch sie machte Front gegen die Faschisten. 1943 folgte die Gründung des PSI, der Sozialistischen Partei Italiens.

Die Alliierten landeten in Sizilien und begannen ihren Marsch in Richtung Rom. Derweil sah sich Mussolini einer starken Front innerhalb des Landes gegenüber. König Vittorio Emanuele III., das Militär, die Hochfinanz, das Unternehmertum, die Kirche, aber auch faschistische Parteifunktionäre begannen, ihre Planspiele zur Absetzung Mussolinis in die Tat umzusetzen. Der König veranlasste die Bildung einer Militärregierung und übergab deren Führung dem Marschall Pietro Badoglio. Am 25. Juli übermittelte der König Mussolini, dass er als Regierungschef abgesetzt sei. Mussolini wurde von Einheiten der Carabinieri verhaftet. Trotzdem regte sich innerhalb der Partei kaum Widerstand gegen den Beschluss des Königs. Im Gegenteil: Einflussreiche Funktionäre des PNF sicherten dem König ihre Loyalität zu. Als sich die Absetzung Mussolinis unter der Bevölkerung herumsprach, versammelten sich die Massen in den Straßen der Großstädte und feierten den König. Sie zerstörten die Symbole des Faschismus, und *La Stampa* ließ sich gar zu der Schlagzeile verleiten: »Der Krieg ist zu Ende«.

Dem war aber noch nicht so. Zwar hatte der neue Regierungschef Badoglio am 8. September 1943 vor den Alliierten die Kapitulation unterschrieben. Doch das Volk sah sich nun einem neuen Feind gegenüber: Badoglio erklärte Deutschland am 13. Oktober den Krieg. Hitlers Truppen begannen daraufhin mit der Entwaffnung italienischer Soldaten. Viele von ihnen wurden verschleppt und in Deutschland als Arbeitskräfte eingesetzt. Am Ende des Zweiten Weltkrieges befanden sich rund 800 000 italienische Soldaten in deutscher Kriegsgefangenschaft. 40 000 von ihnen überlebten sie nicht. In den Tagen zwischen der Kapitulation und der Kriegerklärung an Deutschland befand sich Italien in einem politischen Schwebezustand. Trotz der offiziellen Kriegserklärung scheute Badoglio ein aktives Vorgehen des italienischen Militärs gegen Deutschland. Eindeutige Kommandos blieben in dieser Phase aus, da die italienischen Behörden den Deutschen keinen Vorwand liefern wollten, die Macht über die Institutionen zu ergreifen. Die Situation zwang den König und seine Funktionäre zur Flucht in die apulische Hafenstadt Brindisi. Unter ihnen auch Badoglio. Er hatte 45 Tage der Regierung vorgestanden. Für das Volk begann nun eine zweite Phase des Krieges, in der die ideologischen und geografischen Fronten nicht mehr eindeutig identifizierbar waren. Eine gesetzesmäßige Regierung gab es nicht, das Land war geteilt. Die Deutschen kontrollierten Italien von den Alpen bis zur Frontlinie Salerno–Benevento–Eboli. Südlich davon hielten die Alliierten die Kontrolle.

Derweil fühlte sich Mussolini auch von den Unternehmern des Nordens allein gelassen. Hitler, der vorhatte, die faschistische Führung wieder an die Macht zu bringen, entsandte Fallschirmjäger, um Mussolini aus der Haft zu befreien. Sie ließen sich über dem Gefängnis von Gran Sasso abwerfen, befreiten Mussolini am 12. September und brachten ihn nach Berlin, wo er am 15. September erneut die Faschistische Republik ausrief. Am 23. September kehrte Mussolini wieder nach Italien zurück, wo er sich mit einem neuen Ministerrat an die Arbeit machte, um einen neuen politischen sowie militärischen Apparat aufzubauen. Seine Gefolgschaft versammelte er am Gardasee in der Nähe des Städtchens Salò. Hier rief Mussolini die Republik von Salò aus (Repubblica Sociale Italiana) und gründete die Republikanische Faschistische Partei. Ihr Programm sah unter anderem vor, das italienische Großkapital aus den Angeln zu heben.

Giovanni Agnelli war in einer schlechten gesundheitlichen Verfassung. Er sah sein Lebenswerk so gut wie zerstört, als die Gestapo zunächst Haftbefehl gegen ihn und Vittorio Valletta erließ. Der wurde zwar nicht vollstreckt, dafür aber unterstand die Führung seines Unternehmens ab sofort der deutschen Befehlsgewalt. Die wiederholte Aufforderung Mussolinis an Agnelli, der neuen Partei beizutreten, ignorierte der hartnäckig.

Vittorio Valletta erwies sich in dieser Phase als geschickter Mehr-

Fronten-Stratege. Seine Aufgabe war es, unter der deutschen Besatzung die Geschäfte einerseits weiterzuführen, als wäre nichts geschehen, gleichzeitig aber die Interessen des Unternehmens zu wahren. Er nahm dafür mit jeder Partei Gespräche auf, von der er sich eine Hilfe bei der Rettung FIATs erhoffte. Er setzte sich mit den Besatzern an einen Tisch, verhandelte mit den Faschisten, redete mit den Partisanen – Vittorio Valletta tat alles, um den Tanker irgendwie heil durch die stürmischen Zeiten zu manövrieren. Das machte ihn wiederum für alle Verhandlungspartner nicht besonders vertrauenswürdig. Genauso erging es Giovanni Agnelli. Auch er, der mittlerweile von allen politischen Ämtern zurückgetreten war, machte sich als Diplomat Feinde. Die einen hielten ihn für einen Faschisten, die anderen für einen Antifaschisten, wieder andere schlicht für einen Opportunisten.

Die Familie war mittlerweile in zahlreiche Länder verstreut. Gianni war zwischenzeitlich von der russischen Front zurückgekehrt, aber sofort nach Afrika einberufen worden. Clara hielt sich in der Schweiz auf. Die junge Susanna leistete ihren Dienst für das Rote Kreuz auf Lazarettschiffen im Mittelmeer. In einem Gespräch bat Großvater Giovanni sie, ihren Dienst zu quittieren: »Ich will nicht, dass du mit diesen Lazarettschiffen herumfährst. Nicht weil es gefährlich ist, sondern weil mir die Vorstellung missfällt, dass meine Enkelin im Nachthemd von unbekannten Männern aus dem Meer gefischt wird.« Das Schiff, auf dem Susanna lange Zeit tätig gewesen war, war kurz zuvor Ziel von Bombenangriffen gewesen. Drei Krankenschwestern hatten den Tod gefunden. Susanna befand sich zu diesem Zeitpunkt in Forte dei Marmi und bereitete eine neue Dienstreise vor.

Während ihrer Tätigkeit als Krankenschwester auf den Schiffen erhielt Susanna Briefe von ihrer Mutter und Raimondo, aber auch von Galeazzo Ciano. Sie hatten sich während ihrer vielen Treffen angefreundet. Umso empfindlicher traf sie die Nachricht seines Todes. Galeazzo Ciano wurde von Mussolini verdächtigt, an der Verschwörung gegen ihn beteiligt gewesen zu sein. Am 11. Januar 1944 ließ er Ciano gemeinsam mit anderen an seinem Sturz beteiligten Funktionären hinrichten. Mussolini ahnte zu diesem Zeitpunkt, dass sein Leben ernsthaft bedroht war. Zu stark war der Widerstand gegen ihn und seine Gefährten. Auch Hitler traute ihm nicht mehr allzu viel politische Durchschlagskraft zu, zumal Hitler selbst immer mehr von den Alliierten in die Enge getrieben wurde. Unterstützung erhielt Mussolini nur noch vom spanischen Diktator Franco.

Während die Deutschen die Bombardements norditalienischer Städte verstärkten und Turin besetzt hielten, ging die Arbeiterschaft von FIAT auf die Barrikaden. Die 600 Tage andauernde Besetzung der Werke durch die deutschen Truppen zwang Agnelli und Valletta, bestimmte Produktionszweige – wie den Flugzeugbau – nach Deutschland zu verlagern. Die Arbeiter wehrten sich dagegen durch ein Referendum mit dem Ziel, ihre Arbeitsplätze zu sichern. Während Agnelli und Valletta an allen Fronten verhandelten, um das Unternehmen zu retten, suchte die FIAT-Arbeiterschaft ihr Heil in Streiks. Die Proteste weiteten sich auf viele norditalienische Unternehmen aus. Mussolini sah sich währenddessen von allen Seiten verlassen. Nachdem er am 15. April 1945 erfahren hatte, dass sich die deutschen Truppen bald den Alliierten ergeben wollten, suchte er in seiner Verzweiflung die Flucht über die Schweiz nach Spanien. Er verkleidete sich als deutscher Soldat und macht sich mit seiner Geliebten Claretta Petacci auf den Weg. Er kam nicht weit. In Dongo, in der Nähe von Como, wurde Mussolini von Soldaten der Resistenza erkannt und verhaftet. Die italienische Nationale Befreiungsarmee beauftragte den kommunistischen Partisanen Walter Audisio, Mussolini und seine Gehilfen hinzurichten. Das Todesurteil sollte so schnell wie möglich vollstreckt werden, bevor Mussolini in die Hände anderer geraten konnte. Mussolini war mittlerweile der meistgesuchte Mann Italiens: Die Geheimdienste waren ihm auf der Spur und auch die alliierten Truppen. Verstärkt durch eine Gruppe von Partisanen machte sich Audisio auf, um das Todesurteil des Nationalen Befreiungskomitees zu vollstrecken. In Dongo angekommen, berief Audisio ein Kriegstribunal ein. Die Urteile waren schnell gesprochen. Zur

28. April 1945 – Schaulustige umringen die Leichen von Benito Mussolini, Clara Petacci und weiterer Faschisten in der Nähe von Como.

Hinrichtung wurden Mussolini, seine Geliebte und die zuvor verstreut inhaftierte Gefolgschaft wieder zusammengeführt. Audisio begleitete Mussolini und seine Geliebte persönlich aus deren Unterkunft zum Exekutionsort Giulino di Mezzegra am Comer See. Am 28. April 1945 um 16.10 Uhr wurden die Gefangenen erschossen und in der Nacht nach Mailand transportiert. Dort wurden sie auf dem Piazzale Loreto, kopfüber an einem Tankstellendach aufgehängt, der Bevölkerung zur Schau gestellt. Die ließ ihrer Verachtung für ihren ehemaligen Führer freien Lauf: Sie bespuckten den Leichnam Mussolinis und urinierten auf den leblosen Körper, bis der Erzbischof von Mailand Ildefonso die geschändeten Toten von den Galgen abhängen und in eine Leichenhalle transportieren ließ. Die Obduktion ergab, Mussolini sei durch einen Durchschuss des Aortabogens gestorben.

Italien feierte die Befreiung vom Faschismus und das Ende des Zweiten Weltkrieges. Die deutschen Besatzer zogen sich nach dem 26. April aus Italien zurück. Adolf Hitler beging am 30. April Selbstmord. Am 2. Mai kapitulierte Berlin.

TEIL ZWEI

Die neue Ordnung:
1946 bis 2002

3. Gianni Agnelli – Frauen und Fußball, Macht und Moneten

Turin, 2002. Es ist einer dieser wundervollen Februartage in der Hauptstadt des Piemont, an denen der Winter sich viel zu früh zu verabschieden scheint, um dem Frühling Einlass zu gewähren: Der Himmel präsentiert sich von seiner prachtvollsten Seite, die Menschen in den Straßen führen die ersten Kleidungsstücke aus den Frühlingskollektionen vor. In den Straßencafés herrscht Hochbetrieb – wie damals zur Jahrhundertwende, als sich Giovanni Agnelli I. im Caffè Burello mit den Aristokraten und Großbürgern zeigte, die mit ihm FIAT gründen sollten. Es ist zu warm für diese Jahreszeit, bereits am Morgen sind es 16 Grad Celsius.

Der Turiner Hauptbahnhof ist wie immer von eiligen Menschen bevölkert, die von irgendwoher kommen und in eines der vielen Taxis steigen – wie zum Beispiel in das von Giuseppe Ginestra. Seine Familie stammt aus Turin, er selbst hat die Stadt nie verlassen. Die Straßen Turins kennt der 60-jährige Taxifahrer wie kein anderer, behauptet er. Die Geschichten und Geschichtchen der Familie Agnelli hingegen, die kennt hier jeder – aus Zeitungen, Fernsehen, Büchern und Erzählungen, die von Generation zu Generation weitergegeben werden, als wären sie Teil der eigenen Familiengeschichte. Sein Vater, erzählt Giuseppe, den seine Freunde nur Pino nennen, sei in der Kriegszeit Arbeiter der FIAT-Werke gewesen. Er erinnert sich, wie jener eines Abends nach Hause kam und beim gemeinsamen Abendbrot von Bombardements berichtete und von der angedrohten Sprengung der Fabrik durch die Deutsche Wehrmacht. »FIAT war damals ein Politikum«, sagt Giuseppe. Und jeder, der dort arbeitete, war irgendwie mit dem Schicksal der Familie Agnelli verbunden: »Wir alle hingen schon immer unmittelbar von dem Erfolg der Agnellis ab.« Sie seien so etwas wie eine Königsfamilie, zu der man hinaufschaue und hoffe, sie bekomme ihr Schicksal in den Griff, denn jeder wüsste, davon hänge auch jenes der Bewohner Turins ab. »Geht es den Agnellis gut, geht es uns allen gut«, hat Giuseppes Vater immer gesagt, und der gibt das nun genauso seinen beiden Söhnen weiter.

Heute geht es Turin mal gut und mal weniger gut, aber niemals schlecht. Doch es gab Zeiten, da ging es den Agnellis mies und mit ihnen auch allen hier lebenden Menschen. Giuseppe erinnert sich an die Erzählungen seines Vaters: »Im Nachhinein ist alles gut gelaufen für die Agnellis und auch für uns Arbeiterfamilien. Es hätte aber auch alles anders kommen können.«

Turin, 1945. Den Agnellis ging es miserabel, den Menschen in Turin ebenso. Die Stadt lag in Trümmern. Während der letzten Kriegsmonate hatte sich Giovanni I. zunehmend in sein Refugium nach Villar Perosa zurückgezogen. Dort fühlte er sich sicher vor den Bombardements, aber auch vor Mussolini. Der hatte sein Intrigantennetzwerk aktiviert, um seinen ehemaligen Lieblingsunternehmer Agnelli zu sabotieren, wann immer es ging. Das piemontesische Unternehmertum war dem Duce aus der Emilia-Romagna wegen seiner Nähe zum Königshaus und seiner aristokratischen Attitüde seit jeher suspekt gewesen. Nun, da sein Ende bevorstand, fühlte sich Mussolini von den Agnellis, Pirellis und den anderen Großbürgern verraten und verkauft.

Noch etwas anderes aber gefährdete Agnellis Lebenswerk. Mittlerweile war der 79-jährige FIAT-Gründer gesundheitlich geschwächt. Vor der Zukunft hatte er Angst, und seine Vergangenheit stimmte ihn melancholisch. Seine Familie war in alle Winde verstreut, sein Sohn Edoardo tot, sein Enkel Gianni noch zu jung, um die Geschäfte zu übernehmen. Nach fast einem halben Jahrhundert Plackerei stand plötzlich Giovannis Lebenswerk auf dem Spiel, denn die so genannten Reinigungsaktionen des Nationalen Befreiungskomitees (Comitato di Liberazione Nazionale, CLN) betrafen auch das Unternehmen FIAT.

Das Komitee leitete ein Verfahren gegen den Konzern ein, das auch Agnelli persönlich bedrohte. Anklagepunkte gegen ihn gab es eine Menge, hauptsächlich aber wurden Agnelli zwei Dinge vorgeworfen: Er habe das faschistische Regime aktiv unterstützt, und er habe sich durch die Zusammenarbeit mit den Faschisten persönlich bereichert. Der Prozess war schnell durchgeführt. Das Befreiungskomitee sprach am 23. April 1945 Agnelli und Valletta für schuldig und beschloss, die FIAT-Gruppe zu beschlagnahmen.

Die Geschwindigkeit, mit der die Akte Agnelli wieder geschlossen wurde, verwunderte die Menschen in Turin. Sie vermuteten, bei dem Prozess sei es nicht ausschließlich um Fragen der Gerechtigkeit gegangen, sondern FIAT sei zum politischen Spielball divergierender Interessen geworden. Welche Rolle spielte der CLN in der Angelegenheit? Der Zusammenschluss existierte seit 1943. Ihm hatten sich Anhänger verschiedener Oppositionsparteien angeschlossen – wie die Christdemokraten (DC), die Liberalen (PLI), die Aktionspartei (Partito d'Azione), aber auch die Sozialisten (PSI) und Kommunisten (PCI). Die Mitglieder der Linken innerhalb des Komitees waren den Amerikanern nach 1945 ein Dorn im Auge. Sie fürchteten, die guten Kontakte linker Aktivisten wie Togliatti nach Moskau würden den Sowjets den Weg auf ihrem ideologischen Feldzug Richtung Westen ebnen. Solange also der PCI und der PSI Teil des Komitees waren, würden die Alliierten dieser Gruppierung misstrauen. Ein weitaus besserer Partner waren ihrer Ansicht nach die Christdemokraten. Amerikaner und Christdemokraten legten in diesen Jahren das Fundament für eine Zusammenarbeit, die 49 Jahre anhalten und der DC eine ständige Regierungsbeteiligung sichern sollte. Bis in die neunziger Jahre des 20. Jahrhunderts hinein sollte die DC 52 Regierungskoalitionen anführen – das waren alle von 1945 bis 1994.

Der sich anbahnende Kalte Krieg wurde erstmals spürbar, als die italienischen Kommunisten innerhalb des CLN die Verstaatlichung von FIAT forderten – und die Amerikaner konterten, indem sie Gerüchte streuten, wonach FIAT von dem US-Autoriesen Chrysler übernommen werden würde. Agnelli kämpfte um sein Lebenswerk. Er suchte nach Zeugen, welche die ihn belastenden Anschuldigungen des CLN widerlegten. FIAT wurde derweil kommissarisch von ehemaligen Angestellten geleitet. Gianni, der eigentlich der Erbfolge nach an der Reihe gewesen wäre, die Geschäfte zu übernehmen, war zuletzt zur Befreiungsarmee übergelaufen. Als sein Großvater mit der Anklage des CLN konfrontiert wurde, war er 23 Jahre alt. Er verfolgte den Kampf seines Großvaters hautnah. Zeitlebens konnte er die Vorwürfe, die gegen den Senior erhoben werden, nicht nachvollziehen: Giovanni I. soll in der Endphase des Krieges in Erwägung gezogen haben, seine Arbeiter den Nazis auszuliefern, als diese damit drohten, Teile des FIAT-Werkes ins Deutsche Reich zu deportieren. »Mein Großvater handelte so moralisch er konnte«, sagte Gianni. »Er hatte das Interesse, Menschen und Maschinen vor der Deportation nach Deutschland zu retten. Und an erster Stelle standen bei ihm immer die Menschen.« Ob das auch das Gericht wirklich so sah oder ob FIAT zum Objekt amerikanischer Interessen geworden war, ist schwer zu sagen. Alles sah jedenfalls sehr bald danach aus, als hätten sich die West-Alliierten hinter den Kulissen in der Angelegenheit FIAT durchsetzen können. Sie bezeichneten FIAT nunmehr als Garanten für die »demokratische Entwicklung Italiens«. Giovanni I. wurde von dem schweren Vorwurf der Kollaboration mit den Faschisten freigesprochen. Und Valletta begann im Herbst 1945 erneut die Fäden zu ziehen. Agnelli bewahrte sein Gesicht. Das Einzige, was er aufgeben musste, war sein Senatorentitel. Sein Unternehmen konnte er jedoch nicht mehr selbst führen. Kurz vor seinem Tod ernannte Giovanni I. seinen Enkel Gianni (Giovanni II.) zum neuen Familienoberhaupt. Er war nun der neue Chef des Clans und sollte später für die Erbfolge sorgen müssen.

Giovanni Agnellis letzte Tage verstrichen in Eintönigkeit. Täglich ließ er sich die Neuigkeiten von der politischen Front melden. Noch immer haderte er mit seinem Schicksal und fürchtete, sein Unternehmen in fremde Hände geben zu müssen, da das endgültige Urteil des CLN noch nicht gesprochen war. Durch Unachtsamkeit brach er sich in diesen Tagen in seinem Haus die Schulter. Kurze Zeit später erkrankte er an einer Lungenentzündung. Am 16. Dezember 1945 starb Giovanni Agnelli an den Folgen der Krankheit in seinem Haus in Turin. Erst kurze Zeit später erreichte seine Familie die Entscheidung des CLN. Das Komitee hatte den Patriarchen in allen Anklagepunkten freigesprochen.

Der Trauerzug zu Ehren Giovanni Agnellis führte von Turin aus an den Mirafiori-Werken vorbei hoch in das Heimatdorf der Familie nach Villar Perosa. Angeführt wurde die Trauergemeinde vom neuen Familienoberhaupt Gianni. Als sie an den Mirafiori-Werken vorbeizogen, schlossen sich nur wenige Dutzend Arbeiter dem Trauerzug an. In Villar Perosa hingegen erwies die gesamte Belegschaft der Kugellagerfabrik RIV ihrem Chef die letzte Ehre.

Eine Familie ist mehr als die Summe ihrer Mitglieder. Sie ist ein schwer durchschaubares psychologisches Geflecht, in dem jeder mit jedem verbunden ist. Das Handeln eines Einzelnen beeinflusst immer auch das der anderen, wie bei einem Mobile, bei dem ein leichtes Ziehen an einem Element genügt, um das Ganze in Schwingung zu versetzen. Einschneidende Ereignisse können Familiensysteme über Generationen hinweg erschüttern. Das Ende des Krieges, die ungewisse politische Lage und der Tod des Dynastiegründers markieren eine Zäsur in der Geschichte der Familie Agnelli. Obwohl sich nun fast alles neu finden muss, ist das Einzige, was bleibt und die nächsten Generationen des Clans prägen wird, der unausgesprochene aber unbewusst weitergereichte Mythos des Großvaters.

Gründungsmythen haften wie ein zweite Haut an allen Nachfahren über Zeit und Raum hinweg. Gianni war nun das neue Oberhaupt der Familie. Er sollte die Geschicke der Dynastie in den nächsten fünfzig Jahren leiten, und dabei dem Programm seiner Ahnen folgen. Zu seinen Aufgaben gehörte die Neuordnung der familiären Hierarchie und der Familiengeschäfte. Das geht jede Familie in der Regel dann neu an, wenn führende Mitglieder sterben – bei den Agnellis ist das nicht anders als bei anderen Familien.

Dafür, dass für die dritte Generation der Agnellis tatsächlich ein neuer Lebensabschnitt begann, hatte nur wenige Wochen vor dem

Tod Giovannis ein anderer Todesfall in der Familie gesorgt. Am 21. November 1945 fuhr Giannis Mutter Virginia mit ihrem Chauffeur von Rom nach Forte dei Marmi. Dort wollte sie einige ihrer Kinder treffen und auch Curzio Malaparte. Wie keine andere vor ihr hatte sich Virginia vor Jahren gegen den Großvater aufgelehnt, weil der sie um das Sorgerecht für ihre Kinder bringen wollte. Ihr erfolgreicher Kampf gegen den Schwiegervater ist bis heute einer der populärsten Familienmythen, die sich um die Agnellis ranken. Noch immer erzählen sich die Mitglieder der Familie auf den rar gewordenen Treffen gern die Geschichte der tapferen Prinzessin, die dem Patriarchen trotzte. Auf der Fahrt nach Forte dei Marmi beging Virginias Chauffeur einen Fahrfehler und raste in einen Lastwagen. Virginia war sofort tot. Sie starb wie einst ihr Gatte durch Genickbruch. Virginia Bourbon wurde in dem Familiengrab in Villar Perosa neben ihrem Mann bestattet.

Gianni, Susanna, Clara und die anderen Geschwister waren nun Waisenkinder. Großvater Giovanni hatte ein Vermögen von rund einer Milliarde Dollar hinterlassen, was – je nach Umrechnungskurs – zu dieser Zeit zwischen 100 und 500 Milliarden Lire entsprach. Ein Arbeiter in den FIAT-Werken verdiente im Vergleich monatlich durchschnittlich zwischen 3 800 und 4 000 Lire, ein Angestellter 4 500 bis 4 700 Lire.

Zum Verantwortungsbereich Giannis sollten die Führung der Familienholding, die das Firmengeflecht des Clans verwaltete, und die Leitung der FIAT-Gruppe gehören. Gianni galt als intelligent, sensibel, gebildet und galant. Er war Jurist und brachte zudem die nötige Gerissenheit mit, die im Geschäftsleben unabdingbar ist. Gianni war der perfekte Mann für diese Aufgaben. Das Einzige, was gegen ihn sprach, war sein Alter. Das fand auch der Familienrat. Gianni war gerade 24 Jahre alt geworden. Zudem machte er damals den Eindruck, als schienen ihn die verantwortungsvollen Aufgaben nicht wirklich zu interessieren. Es kam schließlich zu dem legendären Dialog zwischen ihm und Valletta, bei dem die beiden in wenigen Worten die zukünftige Rollenverteilung bei FIAT regelten. Es war ein Tag im

Winter 1945/46. Wann und wo sich diese Szene abgespielt hat, weiß niemand genau, doch jedes Familienmitglied erzählt sie seither weiter.

Gianni und Valletta saßen sich gegenüber.

Valletta: »*Mein Junge, die Sache ist simpel, es gibt nur zwei Möglichkeiten.*«
Gianni: »*Verraten Sie sie mir.*«
Valletta: »*Entweder du wirst Präsident. Oder ich.*«
Die Antwort ließ nicht lange auf sich warten, erleichtert sagte Gianni: »*O. K., dann machen Sie es.*«

Nach diesem Gespräch stand die neue Hierarchie bei FIAT fest. Valletta war neuer Präsident. Gianni sein Vize bei den Motorenwerken. Dazu übernahm er das Präsidialamt der Kugellagerfabrik RIV. Die Wirtschaftskommission des CLN war kurz zuvor endgültig dafür eingetreten, das Unternehmen FIAT zu reprivatisieren und dem rechtmäßigen Besitzer zurückzugeben, der Familie Agnelli. Diese unterstützte Valletta als Präsident der FIAT-Gruppe. Noch vor wenigen Monaten war der bei der vorübergehenden Schließung des Werkes von wütenden Arbeitern fast erschossen worden, nun bekam er nicht nur die Unterstützung Giannis und des Familienrates der Agnellis, sondern auch die der Regierungsstellen. Alle Macht bei FIAT war nun auf ihn konzentriert.

Der Verband Confindustria hatte bereits am 26. Januar 1946 die Auflösung aller an der Demokratisierung beteiligten Institutionen gefordert, die nach dem Zusammenbruch des Faschismus die Kontrolle über die Verwaltung und Behörden übernommen hatten. Privatunternehmen sollten an die rechtmäßigen Besitzer übergeben werden. Die Regierung schloss sich der Forderung an. Um Italien den Weg in die demokratische Restauration zu ermöglichen, verbot die Koalition aus Christdemokraten, Kommunisten, Sozialisten, Liberalen und der Aktionspartei am 7. Februar 1946 weitere »Reinigungsverfahren«. Gleichzeitig ordnete die Regierung die Revision aller Sanktionen an. Unterzeichner der Dekrets war unter anderem der Staatssekretär des

Ministerpräsidenten De Gasperi, Giulio Andreotti. Dieser sollte die italienische Politik noch jahrzehntelang prägen. Als Kandidat der Christdemokraten würde er zwischen 1972 und 1991 sieben Mal den Ministerpräsidenten stellen. Die Dinge fügten sich zu Vallettas Gunsten. Am 21. März 1946 kehrte er an seinen Schreibtisch zurück. Im Juli bestimmte auch der Verwaltungsrat von FIAT Valletta offiziell als neuen Präsidenten.

Nur kurze Zeit später, am 6. Mai 1946, dankte König Vittorio Emanuele III. ab. Er übergab seinem Sohn Umberto II. das Zepter und flüchtete ins Exil nach Alexandria in Ägypten, nachdem die Nachforschungen des Befreiungskomitees ergeben hatten, er trage eine Mitschuld an der Entstehung des faschistisches Regimes.

Offen gestaltete sich das Referendum, dem sich die italienischen Bürger 1946 stellten. Durch einen Volksentscheid sollten die Menschen für die Fortsetzung der alten Monarchie oder für eine neue Republik stimmen. Das Ergebnis war knapp: Von 28 005 449 Wahlberechtigten gaben 24 946 878 (89,1 Prozent) ihre Stimme ab, davon votierten 10 719 285 Menschen für die Monarchie und 12 717 923 für die Republik. Die Demokratisierung des Landes machte damit scheinbar einen wichtigen Schritt nach vorn. Doch was so hoffnungsvoll begann, war in Wahrheit der Startschuss eines jahrzehntelangen intriganten Machtspiels der Herrschenden. Italien sollte von nun an von einer Regierungskrise in die nächste taumeln.

Seit dem Referendum von 1946 hat es bis Anfang 2002 14 Legislaturperioden gegeben. Schwache Koalitionen, ständige Machtkämpfe und schleichende Korruption sorgten dafür, dass Regierungen immer wieder abdanken und neu gebildet werden mussten. In jeder Legislaturperiode waren so bis zu sechs Regierungskonstellationen an der Macht. Insgesamt hat es in 56 Jahren 60 Regierungen gegeben. Davon bestanden die meisten aus Vier- oder gar Fünf-Parteien-Koalitionen. Eine Partei war bis 1994 immer dabei, wenn es um die Verteilung von Macht ging: die Christdemokraten. Bis zu ihrem Untergang Mitte der neunziger Jahre waren sie die alles beherrschende Kraft in Italien. Und wenn sie das Amt des Ministerpräsidenten anderen überließ –

wie 1981 dem Republikaner Spadolini oder 1983 und 1992 den Sozialisten Craxi und Amato –, behielten sie alle Schlüsselministerien in der Hand. Die Kontinuität ihrer Vorherrschaft hatte verschiedene Gründe: Die DC galt in der Nachkriegszeit als die Partei des ökonomischen Wiederaufbaus. Sie erwies sich schnell nicht nur als die Partei der industriellen Großbürger und der mächtigen katholischen Kirche. Auch die Westalliierten sahen in ihr den verheißungsvollsten Verbündeten bei der Durchsetzung ihrer Interessen. Als politischen Gegner identifizierten die Christdemokraten rasch die Kommunisten und die Arbeiterbewegung.

Nach der Wahl zur Verfassungsgebenden Versammlung stellte die DC 1946 den ersten Ministerpräsidenten, Alcide De Gasperi. Er sollte bis 1953 sieben Regierungen anführen. Die Christdemokraten schrieben ihm das Verdienst zu – ähnlich wie in Deutschland die CDU Adenauer –, Italien in das westliche Wirtschafts- und Bündnissystem eingegliedert zu haben.

Aus der ersten Wahl gingen die Christdemokraten als stärkste Partei hervor, die Kommunisten und Sozialisten saßen allerdings ebenfalls in dieser ersten Regierungskoalition. Justizminister wurde der Stalinist Palmiro Togliatti, den die amerikanischen Aufbauhelfer nicht gern im Zentrum der neuen italienischen Macht sahen.

Der Marshallplan begann derweil in 16 europäischen Ländern zu greifen. Insgesamt waren rund 17 Milliarden Dollar an Hilfsgeldern vorgesehen. Italien erhielt zwischen 1945 und 1947 rund 1,2 Milliarden Dollar. An den Geldstrom waren Bedingungen geknüpft, die die Christdemokraten von vornherein zu erfüllen gewillt waren. Sie sollten den Machteinfluss Stalins durch die italienische Linke so weit es ging einschränken. Die Amerikaner drohten auf der anderen Seite, bei Nichterfüllung ihrer Bedingungen die Autonomiebewegungen in Sizilien und Sardinien zu unterstützen. Italien befand sich somit politisch in einer äußerst brisanten Situation. Die erste Welle des Kalten Kriegs hatte das Land voll erfasst und drohte es auseinander zu reißen.

Nach einer Reise in die USA im Mai 1947 verzichtete De Gasperi auf die Zusammenarbeit mit Sozialisten und Kommunisten. Stattdessen verstärkte der Ministerpräsident seine Zusammenarbeit mit kleineren und damit auch abhängigeren Partnern, wie dem Partito Repubblicano Italiano (PRI) oder dem Partito Liberale Italiano (PLI).

Die Politik suchte nach Profil, die Bevölkerung sehnte sich nach Identität, die Gesellschaft war anfällig für Attentate und bürgerkriegsähnliche Ausschreitungen. In diesem Klima verübte der Student Antonio Pallante ein Attentat auf Kommunistenführer Togliatti. Und der Papst beschloss, alle marxistisch orientierten Italiener zu exkommunizieren. Der Generalstreik, der daraufhin folgte, ähnelte einer Revolution. Die Syndikate brachen auseinander; der christdemokratisch orientierte Flügel der Sindacati Confederati spaltete sich ab und schloss sich zur Confederazione Italiana Sindacati Lavoratori (Italienischer Arbeitergewerkschaftsbund) zusammen.

Der Leader der Sozialisten Pietro Nenni notierte 1948 in seinem Tagebuch: »Ich höre kein Radio, telefoniere nicht nach Mailand, gehe früh zu Bett, und das mit der Vorahnung, dass sich unsere Hoffnungen nicht bewahrheitet haben; nach einem Italien im Schwarzhemd stehen wir nun vor einem in schwarzer Kutte. Wir sind geschlagen.« Die Kampagne gegen die italienische Linke hatte Erfolg. Die Wahlen bescherten der DC fast 50 Prozent. Die Volksfront erzielte 31 Prozent. Ein Kapitalismusmodell nach amerikanischem Vorbild konnte in Italien Einzug halten.

Der Schwarzmarkt blühte derweil. Alle von den amerikanischen Soldaten eingeführten Produkte konnte man unter der Hand kaufen – Waffen, Uniformen, Kosmetika, Alkohol und Medikamente. Whisky war das neue Modegetränk vieler Leute, auch jener aus der Oberschicht. Das Kriegsende hatte zudem eine Welle der sexuellen Freizügigkeit im Land ausgelöst. »Es war, als ob die Menschen nach all den Jahren der Depression ihren Trieben wieder freien Lauf ließen«, berichtet Susanna Agnelli. Auch Gianni ließ sich gehen. Von den Verpflichtungen, die ihm die Familie aufbürdete, wollte er in den nächsten Jahren nicht allzu viel wissen. Sein Großvater hatte ihm in einem stillen Moment kurz vor seinem Tod einen Satz zugeflüstert, der lange noch in ihm nachhallte: »Gianni«, hatte Giovanni I. gesagt,

»genieß deine Zeit, wenn der Krieg eines Tages zu Ende sein wird.« Und Gianni genoss. Während der nächsten Jahre wurden die Langeweile sein größter Feind und Partys sein größter Freund. Gerüchten zufolge verfügte er über ein jährliches Einkommen von rund einer Million Dollar. Freunde beschreiben ihn im Nachhinein als »wilden Jungen«, als »Partylöwen«, als »ungezügelten Playboy«, als jemanden, der das Leben in all seinen freudigen Facetten ausschöpfte. Die Zeitschrift *Time* schrieb 1969 über seine wilden Jahre: »Lange bevor er im Wirtschaftsteil erschien, hatte er bereits eine große Karriere in den Klatschspalten hinter sich.« Eine italienische Zeitung berichtete: »Er hat vom Großvater das Geld und den Namen geerbt, das Talent aber nicht.« Gianni war es egal, was die anderen sagten. Er selbst bezeichnete diese Zeit später als die »schönste seines Lebens«.

Er gehörte zum verschworenen Kreis des internationalen Jetsets. Er flog nach Paris, New York, London, Rio de Janeiro und Buenos Aires. Am liebsten hielt er sich an der Côte d'Azur auf, wo sich eine Clique von Männern zu den Festen der Schickeria traf. Zu seinem Freundeskreis gehörten Männer wie Prinz Rainier von Monaco, der Schauspieler Errol Flynn, der ehemalige Diplomat Porfirio »Rubi« Rubirosa, der spanische Autoliebhaber Marquis Alfonso de Portago und Ali Khan. Mit dem späteren amerikanischen Präsidenten John F. Kennedy war Gianni Agnelli ebenfalls eng befreundet. Sie verbrachten ihre Tage gern mit hübschen Frauen auf dieser oder jener Segeljacht. Sie schifften über das Mittelmeer oder lagen nackt an verlassenen Stränden herum. Gianni galt in den fünfziger Jahren als der beliebteste Junggeselle Italiens. Sein adliges Profil, seine Eleganz und sein Reichtum machten ihn für viele Frauen begehrenswert. Er aber wollte sich nicht festlegen. Lieber vergnügte er sich bei losen Beziehungen, Amouren und Affären. Das Leben war kurz und die Liebe eine Lüge. Als seine Schwester Suni sich einmal unglücklich verliebt hatte, soll er verwundert den Kopf geschüttelt und gesagt haben: »Nur Dienstmädchen verlieben sich.«

Seine ewige und fast zwanghafte Suche nach Zerstreuung hatte viele Motive, und noch niemand hat sich wirklich darangemacht, die

Auf dem Weg zur Jacht: Anfang der sechziger Jahre bewegte sich Gianni Agnelli energisch durch den internationalen Jetset – hier mit Jaqueline Kennedy.

Auf dem Weg zum Empfang: In den neunziger Jahren konnte Gianni Agnelli bereits gelassen auf sein Lebenswerk zurückblicken, doch er schritt noch immer voran – hier mit Ehefrau Marella.

Gründe zu entschlüsseln, die das unstete Leben Gianni Agnellis erklären könnten. Es scheint jedenfalls kein Zufall zu sein, dass sein eigener Sohn Edoardo III. später ebenfalls einen unorthodoxen Lebensweg einschlagen sollte. Doch während Gianni sich dem Materialismus zuwandte, begab sich Edoardo auf Sinnsuche.

In einem Atemzug mit Gianni Agnelli tauchten in den Gazetten immer wieder Namen auf wie die der Schauspielerinnen Rita Hayworth und Anita Ekberg. Die schwedische Schauspielerin war in den fünfziger Jahren durch Federico Fellinis Film »La Dolce Vita« weltberühmt geworden. Giannis Schwester Susanna erinnerte sich während eines Interviews mit dem amerikanischen Journalisten Alan Friedman 1987 an den Moment, als Gianni Anita kennen lernte: »Ich glaube, als er sie das erste Mal ausgestreckt auf dem Deck der Yacht liegen sah, sagte er so etwas wie: ›Die ist ja ein Vulkan!‹« Im selben Jahr gab die schwedische Sexbombe Journalisten der italienischen Zeitschrift *L'Europeo* ebenfalls ein Interview. Darin prahlte sie mit Affären mit berühmten Männern wie Tyrone Power und Gary Cooper. Sie berichtete von Yul Brunner, Clark Gable und Robert Mitchum, die sie allesamt heiraten wollten. Mehrmals hatte sie zuvor an anderer Stelle von ihrer Liebschaft mit einem anderen Mann erzählt, der »eine der bedeutendsten Persönlichkeiten der Welt ist« und »der einem Wirtschaftsunternehmen vorsteht, das für Italien von herausragender Bedeutung ist.« Als die Journalisten von *L'Europeo* nachfragten, um welchen Mann es sich in der damaligen Affäre gehandelt habe, antwortet Ekberg im Scherz: »Pirelli.« Gemeint aber war eindeutig Gianni Agnelli. Ein Leben lang habe sie ihn geliebt – und das tat sie noch immer, daran habe sich auch nach all der langen Zeit nichts geändert, antwortete sie den Journalisten.

Gianni liebte schnelle Amouren und schnelle Autos. Letzteres wurde ihm am 21. August 1952 fast zum Verhängnis. Seit 1948 führte er eine spannungsreiche Beziehung zu Pamela Churchill, der ehemaligen Schwiegertochter des britischen Premierministers. Bei ihren Treffen bewohnten sie häufig eine gemeinsame Wohnung in Paris. Die Klatschpresse berichtete, sie sei bereits Giannis Verlobte und eine Traumhochzeit stünde bevor. Doch während eines prächtigen Balls machte sie ihm eine Eifersuchtsszene wegen der 17-jährigen Anne-Marie d'Estainville. Entnervt verließ er das Fest. Er nahm die junge Frau an die Hand, um sie mit seinem Ferrari nach Hause zu fahren. Auf der Nationalstraße 98 in Richtung Monte Carlo verlor Gianni die Kontrolle über den Wagen. Unter Freunden war er berühmt für seinen fulminanten Fahrstil, und wahrscheinlich, so hieß es später, sei er noch wütend gewesen auf seine Freundin Pamela. Um 4.10 Uhr morgens krachte er mit 160 Kilometern pro Stunde in einen Lastzug. Während seine Begleiterin und die Führer des Lastwagens mit Prellungen davonkamen, verletzte sich Gianni schwer. Er überlebte, aber sein rechtes Bein hatte sich bei dem Aufprall in die Karosserie hineingebohrt und war sieben Mal gebrochen. Auch sein Kinn hatte eine schwere Fraktur erlitten. Nur mühsam konnte Gianni überhaupt aus dem Wrack befreit werden. Dann ging es schnell in das Krankenhaus nach Cannes, wo ihm die Ärzte nur eine geringe Chance gaben, das Bein retten zu können. Die Entzündung des Beines gefährdete sogar sein Leben, und die Ärzte wollten es amputieren. Gianni aber weigerte sich, das zu zulassen.

Die Nachricht von seinem Unfall erreichte schnell die Familie. Seine Schwester Susanna machte sich auf. Schon einmal hatte sie ihm in einer dramatischen Situation geholfen, als sie 1944 bei seiner komplizierten Knöcheloperation am selben Bein den Ärzten als Krankenschwester assistiert hatte. Susanna veranlasste die Verlegung ihres Bruders von Cannes nach Florenz. Dort warteten die Vertrauensärzte der Familie. Gianni hatte Glück im Unglück. Die Spezialisten retteten sein Bein. Allerdings war er gezwungen, es neun Monate still zu halten. Für einen umtriebigen Mann wie Gianni eine Qual. Seit jenem Unfall sah man ihn immer wieder mit einer Gehstütze, einem edlen Stock, der im Alter so etwas wie sein Erkennungszeichen wurde. An seinem Charisma sollte diese leichte Behinderung nichts ändern. Er blieb ein Mann, den viele Frauen anziehend fanden.

Gianni eilte von Frau zu Frau, die ihn bereitwillig in ihr Seelenleben aufnahm, weil sie sich von ihm die Erfüllung ihrer Sehnsüchte versprach. Diese Art von Beziehung funktionierte eine ganze Zeit lang in Giannis Leben. Als er jedoch nach seinem Autounfall nur knapp dem Tod entkommen war, musste er einen Sinneswandel vollzogen haben. Das jedenfalls behaupten Freunde. Denn nur ein Jahr später heiratete er eine Frau, die so ganz und gar nicht zu seinem Frauenbild zu passen schien.

Im engsten Familien- und Freundeskreis ging er auf Schloss Osthofen bei Straßburg mit der neapolitanischen Fürstentochter Marella Caracciolo di Castagneto die Ehe ein. Der Ort wurde ausgewählt, weil ihr Vater dort im diplomatischen Dienst tätig war. Marella stammt aus einer der mächtigsten Familien Italiens. Vom 13. bis ins 20. Jahrhundert hinein haben die Caracciolos nicht nur ihre führende Position in der Gesellschaft Neapels behauptet, sondern zugleich wie keine andere Familie die Geschicke Süditaliens bestimmt. Ihre Mitglieder haben über Jahrhunderte entscheidende Machtpositionen bekleidet, sie waren Minister, Vizekönige, Botschafter, Generäle, hohe Verwaltungsbeamte, Statthalter, Kardinäle, Erzbischöfe, Freiheitshelden und Salonlöwen. Marella sollte nun Gianni erden und ihm eine Familie schenken. Bei der Trauung war sie bereits schwanger. Sie trug Edoardo in sich, den einzigen Sohn Giannis. Später sollte sie noch eine Tochter bekommen, Margherita.

Der junge Gianni hatte Marella durch seine Schwestern Maria Sole und Cristiana kennen gelernt. Marella hatte des Öfteren als Fotografin in den USA für die Zeitschrift *Vogue* gearbeitet. Richard Avedon, der berühmte Fotograf, hatte sie als »eine der acht schönsten Frauen der Welt« bezeichnet, und die amerikanische Schneidervereinigung hatte sie zur »bestgekleideten Frau der Welt« gewählt. Doch sie war alles andere als ein Schickeriageschöpf. Vielmehr war sie eine glamouröse, aber zurückhaltende Frau. Journalisten berichtete sie Jahre später, erst Gianni hätte sie – die stets auf Contenance bedachte Frau – die Freude am puren Vergnügen gelehrt. Die Kehrseite der Medaille allerdings sei immer gewesen, dass Gianni seine Gefühle nur schwer mitteilen konnte. Auch seine eigenwillige Art, sich zu kleiden, irritierte sie anfänglich, später lernte sie sie allerdings lieben: Gianni trug häufig seine Krawatten über dem Pullover und die Armbanduhr über

Elefantenhochzeit: Industriellenenkel Gianni Agnelli und Prinzessin Marella Caracciolo di Castagneto am Traualtar 1953 auf Schloss Osthofen bei Straßburg.

dem Ärmelbund. Daran hat sich bis zu seinem Tod nichts geändert. Weniger erheiternd fand Marella allerdings die Gerüchte, die unaufhörlich in der feinen Gesellschaft kursierten: Gianni soll auch während der Ehe von anderen Frauen nicht haben lassen können. Viele Jahre soll das Paar angeblich aus diesem Grund im Ehekrach gelebt haben. Nichtsdestotrotz gelang es Marella, sich aus den Klatschspalten soweit es ging herauszuhalten. Im Leben des Gianni Agnelli, der viele Frauen eroberte, aber sie nie liebte, war nun Marella seine Festung. Sie gab ihm Sicherheit und Stabilität. Seine Rastlosigkeit sollte er dennoch bis ins hohe Alter hinein nie verlieren.

Seine dritte Leidenschaft, neben Frauen und Autos, galt dem Fußball. Der Ballsport ist in Italien seit jeher eine Angelegenheit von größter Wichtigkeit. Noch heute existieren in Italien vier Sporttageszeitungen, deren Hauptberichterstattung sich dem Fußball widmet. Auch Wirtschaftsbosse, Politiker und Intellektuelle melden sich immer wieder zu den Leistungen der Nationalmannschaft zu Wort. Vor großen Fußballereignissen arten Parlamentssitzungen nicht selten zu Glaubenskriegen zwischen den Politikern aus. Und Posten in den Führungsriegen der Sportverbände werden – wie anderswo auch – schon mal nach dem Parteibuch der Kandidaten besetzt.

Die Überschneidung von Fußball-, Wirtschafts- und Politikgeschäft treibt zuweilen auch bizarre Blüten, die es so vermutlich nur in Italien gibt. Der langjährige Besitzer des AC Mailand etwa, Silvio Berlusconi, ist heutiger Ministerpräsident des Landes. Durch seine demütigende Kritik nach dem verlorenen Finale bei der Europameisterschaft 2000 sah sich der Nationaltrainer Dino Zoff, eine italienische Fußballlegende, gezwungen, seinen Posten zu räumen. In Italien ist Fußball eine nationale Angelegenheit und betrifft alle gesellschaftlichen Sphären.

Die Familie Agnelli macht da keine Ausnahme. Sie hat sich ohnehin nie mit dem Durchschnitt abgegeben, und deswegen ist sie auch nicht Eigentümerin irgendeines italienischen Fußballklubs. Sie regiert den berühmtesten und erfolgreichsten Verein des Landes: Juventus Turin wird 1897 ins Leben gerufen, 1905 gewinnt der Verein seinen ersten italienischen Titel. Wie die Agnellis genau an den Verein geraten sind, ist nicht überliefert. Auf jeden Fall sitzt 1923 erstmals ein Mitglied der Familie Agnelli auf dem Präsidentensessel. Edoardo II. übernimmt das Ruder des Fußballklubs und führt ihn in eine der erfolgreichsten Ären seiner langen Geschichte. Unter seiner Regie gewinnt Juve in den Jahren zwischen 1930 und 1935 fünfmal in Folge die italienische Meisterschaft. 1934 zudem die Weltmeisterschaft der Vereinsmannschaften. Heute ist Juve der Klub mit der größten Anhängerschaft in Italien. Weltweit zählt der Verein 17 Millionen Fans. Unabhängig von Stand und Herkunft vereint die »Signora« – wie die Fans den Klub liebevoll nennen – Menschen unterschiedlichster Couleur.

Über den Posten des Präsidenten der Kugellagerfabrik RIV hinaus übernahm Gianni 1946 auch den Vorsitz des familieneigenen Fußballklubs. Ihm sollte er bis 1966 vorstehen. Für die Nachwuchskräfte der Familie ist der Klub seit jeher so etwas wie ein wirtschaftliches Versuchsfeld. Auch seinem eigenen Sohn Edoardo III. sollte Gianni später anraten, sich für größere Aufgaben erst einmal in der Vorstandsetage von Juventus zu empfehlen.

Der junge Edoardo sollte allerdings für den Fußball nie die Besessenheit zeigen, die sein Vater Gianni an den Tag legte. Und auch der Führungsstil des Sohnes sollte dem Vater missfallen: Edoardo rückt 1985 im Alter von 31 Jahren in den Vorstand des Vereins. Nur wenige Wochen nach seinem Einstand vergibt er in der Tageszeitung *La Repubblica* Noten an Spieler, Trainer und den Präsidenten Gianpiero Boniperti. Damit macht er sich keine Freunde. Boniperti hatte 1971 das Ruder bei Juventus übernommen – unter seiner Regie gewann der Klub in fünfzehn Jahren neun Meistertitel, alle europäischen Wettbewerbe und den interkontinentalen Supercup. Kein anderer italienischer Verein konnte eine derartige Erfolgsserie vorweisen. Boniperti war zudem in Italien eine Fußballlegende und hatte jahrelang selbst für Juventus Turin gespielt. Keiner aus dem Agnelli-Clan wäre also jemals auf die Idee gekommen, den Präsidenten in der Öffentlichkeit derart bloßzustellen. Nur wenige Tage nach seinem fatalen Interview wurde Edoardo von den Bossen des Hauptsponsors FIAT des Postens enthoben. Sein Vater Gianni hätte es verhindern können. Aber er tat es nicht.

Vielen erschien seine Haltung damals unverständlich, denn Gianni hatte selbst Jahre benötigt, um an den Punkt zu gelangen, endlich Verantwortung für die Familienunternehmen zu übernehmen. Die linksgerichtete Zeitung *L'Unità* schrieb 1959 über seine unternehmerischen Ambitionen: »Gianni ist ein schwacher Prinz, ein Opfer seiner Launen und beherrscht von einem krankhaften Zwang zu Adelsprädikaten: Er hat manikürte Nägel, gepflegte Umgangsformen, er spricht vier Sprachen – und hat völliges Desinteresse an finanziellen und wirtschaftlichen Fragen.« Nur wenige Jahre später lobte ihn ausgerechnet ein Kommunist. Der Generalsekretär der KPdSU, Nikita Chruschtschow, empfing Gianni Agnelli 1962 in Moskau mit einer herzlichen Umarmung und einem Kompliment auf den Lippen: »Andere italienische Politiker werden kommen und gehen. Sie aber werden immer mächtig sein.« Er sollte Recht behalten.

Größere Familientreffen waren seit dem Tod des alten Patriarchen seltener geworden. Das lag zum einen an den unterschiedlichen Lebenswegen, die die Geschwister und Verwandten einschlugen. Zum anderen an der simplen Tatsache, dass jeder Agnelli wiederum in andere Familien hineingeheiratet hatte und die Verwandtschaft immer größer wurde – und blaublütiger, nicht nur dank Giannis Ehe mit Marella.

Clara Agnelli, Edoardos und Virginias erstes Kind, heiratete den um 18 Jahre älteren Tassilo von Fürstenberg. Er sollte der erste Aristokrat sein, der in die Familie einheiratete. Die Ehe sollte zwar den Agnellis keinen nennenswerten zusätzlichen Reichtum bescheren, denn Tassilo verfügte über keine großen Geldreserven. Dafür aber sollten dieser Ehe zwei prominente Kinder entstammen, der Modedesigner Eduard Egon von Fürstenberg und seine ältere Schwester Ira, dazu ihr Bruder Sebastien. Diese Generation sollte zusammengenommen fünf Kinder in die Welt setzen. In zweiter Ehe heiratete Clara später Giovanni Nuvoletti.

Die dritte und vierte Generation: Eduard Egon von Fürstenberg mit Mutter Clara Agnelli, Tochter Ira von Fürstenberg mit ihrem Gatten Prinz Alfons von Hohenlohe.

Claras Schwester Susanna gilt als die »untypischste« Agnelli. Anders als die anderen Frauen der Familie hat sie sich immer um eine eigene Identität und um eine von der Familie unabhängige Karriere bemüht. Sie war Krankenschwester, Journalistin und Schriftstellerin. Als Bürgermeisterin des toskanischen Städtchens Monte Argentario legte sie das Fundament für ihre spätere politische Karriere. Sie war Staatssekretärin im Außenministerium und avancierte unter der Regierung des parteilosen Ministerpräsidenten Lamberto Dini 1995 zur Außenministerin. Heute lebt sie in ihrer Residenz in Rom. Dort arbeitet sie hin und wieder als Journalistin. Für die Illustrierte *Oggi* betreut sie eine Seite, die ihr den Beinamen »Großmutter Italiens« beschert hat. Sie beantwortet die Post von besorgten Leserinnen, die einen Rat benötigen. Am Ende des Krieges hatte Susanna Graf Urbano Ratazzi kennen gelernt, der erst als Widerstandskämpfer Mussolini bekämpfte, sich später aber auf die Seite der Faschisten geschlagen hatte. Er stammte aus einer piemontesischen Juristen- und Politikerfamilie, die im 19. Jahrhundert in den Adelsstand erhoben worden war. Aus ihrer Ehe gingen sechs Kinder hervor: Ilaria, Samaritana, Cristiano, Delfina, Lupo und Priscilla. Aus deren Ehen stammen wiederum zehn Nachkömmlinge. Heute sind Susanna und Urbano Ratazzo geschieden.

Zur dritten Generation gehören zudem Maria Sole, Cristiana, Giorgio und Umberto. Maria Sole heiratete erst den Grafen Ranieri Campelo della Spina, der aus einer alten umbrischen Familie stammte. Mit ihm hatte Maria Sole vier Kinder: Virginia, Argenta, Cinzia und Bernardino. Ranieri starb bereits 1959. Maria Soles zweiter Ehemann wurde Graf Pio Teodorani Fabbri. Seine Familie stammt aus der Emilia-Romagna, der Region, aus der auch Benito Mussolini kam. Indirekt ist der Graf sogar mit dem Faschistenführer verwandt, denn sein Cousin ist wiederum mit der Nichte von Arnaldo Mussolini verheiratet, dem – politisch gesehen – gemäßigten Bruder Mussolinis. Die Kinder von Maria Sole wiederum bekamen insgesamt acht Sprösslinge.

Auch Cristiana heiratete in eine bekannte aristokratische Familie

Krankenschwester, Journalistin, Schriftstellerin, Außenministerin – Susanna Agnelli war immer um eine eigene Karriere bemüht.

ein. Ihr Mann heißt Graf Brando Brandolini d'Adda und ist ein adliger Patrizier aus einer reichen venezianischen Familie. Ihre vier Kinder heißen Ruy, Leonello, Numo und Brandino. Zusammen haben sie wiederum drei weitere Nachkommen des Agnelli-Clans in die Welt gesetzt.

Abgesehen von dem früh verstorbenen Giorgio wäre da noch Umberto, über den lange Zeit der Malaparte-Schatten lag, der aber der verlässlichste Partner von Gianni werden sollte. Der jüngste der Enkel von Giovanni I. heiratete in erster Ehe in die Familie des Motorrollerproduzenten Piaggio hinein. Antonella Bechi Piaggio bekam einen Sohn: Giovanni Alberto. Dieser wurde von allen immer nur Giovannino genannt, der kleine Giovanni. Anstelle seines eigenen Sohnes Edoardo sollte Gianni später diesen Neffen als seinen Nachfolger nominieren. Giovannino aber wird dieses Amt nie bekleiden können, denn er stirbt 1997 an den Folgen eines Magentumors. Die Brüder Gianni und Umberto teilen demnach dasselbe Schicksal:

Beide verlieren frühzeitig ihren Vater, ihre Mutter und ihren jeweils einzigen Sohn. Beide teilen aber auch etwas Glückliches, denn ihre Ehefrauen stammen aus ein und derselben Familie. Umberto heiratet in zweiter Ehe die Schwester von Giannis Ehefrau: Allegra Caracciolo di Castagneto – die Nichte des Filmregisseurs Luchino Visconti. Visconti selbst stammt aus einer alten Mailänder Adelsfamilie. Sie bekommen zwei Kinder, Andrea und Anna.

Im Fall der Familie Agnelli von einem Clan zu reden, ist also mehr als berechtigt, denn er umfasst heute mehr als 140 Mitglieder. Für das Haupterbe sowie die führenden Posten innerhalb des Firmengeflechts kommen aber nur die Nachkommen der männlichen Linie in Frage. Aniceta Agnellis Nachkommen, immerhin Tochter des Firmengründers Giovanni I., spielten beim Fortbestand der Dynastie kaum eine Rolle.

In der Zeit des Wiederaufbaus wollte aber auch Gianni Agnelli keine besondere Rolle im Familienimperium spielen. Er genoss das Leben, Vittorio Valletta besorgte die Geschäfte. Ihr Verhältnis beschreiben Freunde der Familie als respektvoll, aber ambivalent. Beide verband die Hochachtung vor dem verstorbenen Patriarchen Giovanni I. Die Gelassenheit, mit der Gianni allerdings die Firma RIV führte, ließ Valletta fast verzweifeln, da er selbst aus gänzlich anderem Holz war. In seinen Augen war Gianni ein Lebemann, der eine Menge Talent hatte, es aber nie zu etwas bringen würde, wenn er sein Können weiterhin derart verschleuderte. Valletta war Pragmatiker. Er redete mit niemandem ein halbes Wort zu viel und mied auch die Klatschgesellschaft, in der sich Gianni so wohl zu fühlen schien.

Vallettas Stärke war die Geradlinigkeit, mit der er seine Ziele verfolgte. Pflichtbewusstsein war seine Maxime. Kurz nachdem er die Präsidentschaft von FIAT übernommen hatte, stellte er sich deswegen vor die Arbeiter und gab sein neues Credo aus: »Männer, unser aller Ziel muss es sein, FIAT in kurzer Zeit wieder an die Spitze zu führen. Jedem von euch muss folgende Tatsache bewusst sein: Geht es der Firma gut, wird es auch jedem Einzelnen von euch gut gehen.«

Zuckerbrot und Peitsche: Jedem der Arbeiter war das bekannt, doch zunächst ließen sie Valletta gewähren, solange seine Erfolge sich in ihren Lohntüten bemerkbar machten: Denn während ein FIAT-Arbeiter der dritten Kategorie 1945 noch 21,35 Lire pro Stunde verdient hatte, trieb Valletta bis 1947 diesen Stundenlohn hoch auf 91,03 Lire. In kurzer Zeit sprach sich allerdings unter der Belegschaft ebenfalls herum, Valletta sei ein Kommunistenfeind. Das beunruhigte viele von ihnen, denn die meisten waren tatsächlich Anhänger der Kommunisten.

Ein wesentlicher Teil der Arbeiterschaft rekrutierte sich mittlerweile aus süditalienischen Arbeitsemigranten. Sie waren die Pioniere einer Bewegung, die in den nächsten Jahren die bevölkerungsgeografische Situation des Landes nachhaltig verändern sollte. Millionen Menschen aus Sizilien, Kalabrien, Apulien und Sardinien sollten in den fünfziger Jahren in die Städte Norditaliens ziehen. Allein zwischen 1950 und 1960 wechselten rund 15 Millionen Italiener ihren Wohnsitz, vornehmlich von Süden nach Norden, und dort hauptsächlich in die Großstädte. Als Folge der Zuwanderung expandierten die urbanen Zentren. An den Rändern der Städte bildeten sich Armenviertel, in denen zum größten Teil Süditaliener lebten. Die Bevölkerung Turins etwa wuchs in dieser Zeit von 500 000 auf 1,2 Millionen. Unter den Zuwanderern war die Motivation zu arbeiten groß. Sie stiegen von unten in die norditalienische Gesellschaft ein und waren bereit, allerhand zu tun, um sich eine neue Existenz aufzubauen und zu sichern.

Valletta wollte ebenfalls alles tun, um FIAT wieder zu einem renommierten und rentablen Unternehmen zu machen. Als Diplomat pendelte er zwischen Turin und Rom. In Verhandlungen mit Regierungsvertretern, Gewerkschaftern und Klerikern erwies er sich als zäher und kompromissloser Unternehmer. Ungeachtet der Parteizugehörigkeiten verhandelte er mit jedem. Wichtig war für ihn am Ende nur eines: FIAT musste seinen Profit daraus ziehen. Eine Sache aber bereitete ihm Sorgen: der starke Einfluss der noch jungen, 1944 gegründeten linken Industriegewerkschaft Confederazione Generale

Italiana del Lavoro (CGIL) auf die FIAT-Arbeiter. Die CGIL war mehrheitlich von Kommunisten dominiert. Valletta war das ein Dorn im Auge, deswegen versuchte er, ihren Einfluss auf sein Unternehmen, wann immer es ging, zu beschneiden.

Unterstützung für sein Vorhaben erhielt er von amerikanischer Seite. Immer wieder reiste er in die USA, um dort einflussreiche Politiker zu treffen, deren Interesse es war, Kommunisten und Sozialisten aus den von ihnen unterstützen Wiederaufbauprogrammen herauszuhalten. Um Investitionen und Aufträge zu erhalten, verfolgte Valletta in den USA eine Doppelstrategie. Auf der einen Seite pries er die Arbeitskraft seiner Belegschaft an. Zum anderen spielte er den Einfluss der Kommunisten im eigenen Land herunter. Dem Kongressabgeordneten John Lodge sagte er bei einem Treffen: »Die Italiener sind tüchtige Arbeiter. Viele von ihnen sind heute Kommunisten, so wie sie noch vor Jahren Faschisten waren. Was ihnen fehlt, sind Alternativen. Hier könnten die Vereinigten Staaten intervenieren.« Vallettas gute Kontakte zu De Gasperi und dessen wiederum gutes Verhältnis zum Weißen Haus taten ihr Übriges, um FIAT bald wieder zum mächtigsten Unternehmen Italiens zu machen.

Während Valletta die halbe Welt bereiste, um seine Mission zu erfüllen, tingelte Gianni um die Welt, um seinen Lüsten zu frönen. Zu jeder Phase jedoch war der Lebemann über die Schritte des FIAT-Präsidenten informiert. In regelmäßigen Abständen trafen sie sich zu Vier-Augen-Gesprächen. Manchmal begegneten sie sich auch im Kreis der engsten Mitarbeiter Vallettas – dazu gehörte auch Generaldirektor Gaudenzio Bono. Er sollte in den Sechzigern, als Valletta seinen Rückzug ankündigte, als dessen Nachfolger im Gespräch sein.

Gianni engagierte sich zwar für einige Familiengeschäfte, sein Einfluss auf die Politik aber war im Vergleich zu dem Vallettas bescheiden. Während dieser Tag und Nacht im Einsatz war, um sich für die Belange von FIAT einzusetzen, schlug sich Gianni lieber auf Partys die Nächte um die Ohren. In der englischen Presse kokettierte er einmal, als er sagte, er habe sowieso keine Ahnung, wie man Autos baue, und kümmere sich also lieber um Dinge, von denen er etwas verstehe. Diese Vorlage nahm der Herausgeber der renommierten römischen Tageszeitung *La Repubblica* dankend an und nannte den in den USA zum Juristen ausgebildeten jungen Agnelli daraufhin den »avvocato des Schaumgebäcks und der Schlagsahne«. Avvocato – Anwalt – ist in Italien ein Ehrentitel, und von vielen Menschen wird Gianni Agnelli heute nur noch »l'avvocato« genannt. Jeder weiß, wer damit gemeint ist.

Obwohl jeder in seiner Nähe spürte, dass Gianni zu Höherem geschaffen war, blieb er jahrelang freiwillig hinter seinen Möglichkeiten zurück. Vielleicht fürchtete sich Gianni vor der Verantwortung, vielleicht aber war es ihm auch gleichgültig, was die anderen von ihm dachten. Er war schon immer so etwas wie ein Individualist im Kollektiven. Er begab sich in die feine Gesellschaft, distanzierte sich aber von ihr, obwohl er doch gleichzeitig von ihr abhing. Er akzeptierte einerseits die Regeln anderer, formulierte aber wann immer möglich seine eigenen und lebte auch danach. Als erfolgreicher Industrieller sollte er schließlich seine Regeln zu Gesetzen für andere machen.

Während der vielen USA-Reisen kamen sich Gianni und Valletta langsam näher, weil Valletta von dem Sprachtalent seines Junior-Vizes abhing. Gianni begleitete den FIAT-Präsidenten und seine Mitarbeiter auf allen Reisen durch die USA. 1962 bereitete sich die Delegation während des Fluges gemeinsam auf Gespräche mit führenden Vertretern des Landes vor. Auch Gianni sollte sich an dem Aktenstudium beteiligen, fand Valletta. Gianni aber sah das anders. Er zog es vor, sich aufs Ohr zu legen und ein wenig auszuruhen. Valletta machte diese Gelassenheit, die ihm viel eher wie Gleichgültigkeit vorkam, fast wahnsinnig, denn immerhin wollten die FIAT-Oberen bei der US-Regierung für ein brisantes Vorhaben vorsprechen: FIAT hatte vor, eine Autofabrik in der Sowjetunion zu bauen, in Togliattigrad, der Stadt, die nach dem italienischen Kommunisten getauft wurde. Seitens der Sowjets hatte FIAT bereits eine Genehmigung. Von den US-Stellen wollte sie nun die Zustimmung.

Gianni Agnelli war mit dem damals amtierenden Präsidenten John

F. Kennedy befreundet. Die beiden hatten – noch lange bevor JFK ernsthaft davon zu träumen wagte, eines Tages seinem Land als Präsident vorzustehen – viele Feste, Bälle und Partys besucht und gemeinsame Tage auf See verbracht. Gianni und JFK, genannt Jack, mochten sich von Anfang an. Vielleicht weil sie sich selbst in dem jeweils anderen sahen. Beide stammten aus einem ähnlichen Elternhaus, das von einem Übervater dominiert wurde und dessen Erfolge den Jungen als Lebensmission aufgebürdet wurden. Die Kennedys waren lange Zeit die mächtigste Familie der USA, die Agnellis jene Italiens. Die freundschaftliche Beziehung der beiden muss bei den Verhandlungen um das FIAT-Werk in Togliattigrad jedenfalls eine gute Voraussetzung gewesen sein, auch wenn Agnelli das später immer wieder verneinte.

Am Ende konnte Valletta die amerikanischen Behörden beruhigen, und das Geschäft mit den Russen kam zustande. Der NATO-Partner Italien aber blieb für die Amerikaner ein Sicherheitsrisiko.

Zu Hause kündigte sich mittlerweile ein Arbeitskampf an. Der Ausgangspunkt der Unruhen war ein Ereignis, das einige Jahre zurücklag. Die Radikalisierung der Arbeiter hatte mit dem Mordanschlag auf den Kommunistenführer Palmiro Togliatti 1948 ihren Anfang genommen. Am Vormittag des 14. Juli 1948 schoss ein fanatischer Student den Kommunisten Togliatti nieder. Wie ein Lauffeuer sprach sich die Nachricht bis nach Turin herum. Valletta befand sich in diesem Moment in einem Gespräch mit dem amerikanischen Finanzier Oscar Cox in seinem Büro. In Gewerkschaftskreisen hieß es, der Kommunistenführer sei durch ein Polizeikommando hingerichtet worden. Schnell machte sich in der Belegschaft von FIAT Unruhe breit. Kurzerhand entschlossen sich vier Arbeiter, in das Büro von Valletta einzudringen. Sie waren bewaffnet. Von Valletta hieß es, er habe in diesem Moment Ruhe bewahrt und die Männer darauf hingewiesen, dass sie, sobald sich die Angelegenheit geregelt habe, entlassen würden. Die Männer aber ließen sich nicht beirren. Mister Cox wurde derweil aus dem Büro geführt und aus dem Werk entlassen.

Die Nachricht von dem Attentat erreichte ebenso schnell auch andere Fabriken. Italien wurde innerhalb weniger Stunden von einer quasirevolutionären Welle erfasst. In den Unternehmen wurde die Arbeit niedergelegt, die Arbeiter marschierten auf die Straßen und demonstrierten gegen das ihrem Glauben nach von Staatsseite organisierte Verbrechen an Togliatti. Im Nachhinein stellte sich zwar heraus, dass der das Attentat überlebt hatte – zu jenem Zeitpunkt aber glaubten viele noch, Togliatti sei tot. Auch FIAT wurde von Arbeitern besetzt. Niemand konnte mehr das Gelände betreten oder verlassen. Valletta war gemeinsam mit seinen leitenden Managern Gefangener seiner eigenen Arbeiter. Gemeinsam verbrachten sie die Nacht im Unternehmen. Die Telefonleitungen waren gekappt. Als Valletta erfuhr, dass Rom Einsatzkommandos von Carabinieri entsandt hatte, um die Mirafiori-Werke zu befreien, ließ er dem Kommandanten der Einsatzkräfte die Nachricht zukommen, er selbst wolle die Situation beruhigen, ohne dass es zu Blutvergießen käme. Stunden vergingen, die Arbeiter aber machten keine Anstalten, das Unternehmen und dessen Führung wieder aus der Hand zu geben, solange nicht endgültig geklärt war, wer den Anschlag verübt hatte. Erst nach 46 Stunden, am Mittag des 16. Juli, öffneten sie wieder die Tore des Werkes. Die Revolution war vertagt, das Misstrauen der Arbeiter aber blieb.

Innenminister Scelba setzte einen Untersuchungsausschuss ein, um die Vorgänge bei FIAT zu klären. Valletta aber spielte die Sache herunter. Er sei nicht gefangen gehalten worden, behauptete er felsenfest, auch sei er nicht von bewaffneten Arbeitern bedroht worden. Selbst als der öffentliche Druck wuchs und die Medien ihn wiederholt aufforderten, die Wahrheit zu sagen, blieb Valletta bei seiner Version. Denn es lag in seinem Interesse, FIAT so schnell wie möglich wieder aus den Schlagzeilen zu bringen, um die versprochenen Investitionen und Aufträge amerikanischer Partner nicht zu gefährden.

Als Folge der Ereignisse bekamen die FIAT-Arbeiter aber schon bald die Repressalien des FIAT-Chefs zu spüren. Im kommenden Jahrzehnt wurden Tausende Arbeiter, die Mitglieder des PCI waren, suspendiert, versetzt, entlassen oder unter Druck gesetzt. Darüber hinaus installierte Valletta ein Spionagesystem, das kommunistische Zellen innerhalb des Werkes ausfindig machen und ausmerzen sollte. Erst viele Jahre später wurde das Spionagenetz aufgedeckt und vor einem großen Tribunal in Neapel behandelt.

Was von Linksextremisten später als »FIAT-Faschismus« bezeichnet werden wird, erregte schon seit 1950 die Wut militanter Arbeiter. Zunehmend begehrten sie gegen das »System Valletta« auf. Am 6. August explodierte in dem Mirafiori-Werk eine Bombe. Drei Arbeiter starben, als 5 000 Quadratmeter des Geländes zerstört wurden. Am 16. April 1952 wurde in einer verlassenen Straße der erste FIAT-Manager ermordet, der Ingenieur Erio Codeca. Am nächsten Tag fand sich ein Schriftzug an den Mauern des FIAT-Werkes: »Das war der Erste!«

Italien taumelte erneut. Der Regierung gelang es aber nur schwerlich, ein schnelles und erfolgversprechendes Wirtschaftsprogramm auf die Beine zu stellen, das dem Land Stabilität hätte verleihen können. Die wackeligen Koalitionen der Christdemokraten in der Nachkriegszeit brachten immer wieder Unruhe in das politische Leben. Da die Christdemokraten selbst ein nur schwachbrüstiges Wirtschaftsprogramm aufboten, war die treibende Kraft für die Konjunktur die mit der DC paktierende Liberale Partei. Dort tat sich vor allem Luigi Einaudi als Reformer hervor. Er war zwischen 1945 und 1948 Präsident der italienischen Zentralbank. Als oberster Finanzier des Landes veranlasste er, 25 Prozent der italienischen Währung aus dem Verkehr zu ziehen, um so der Inflation entgegenzusteuern. Zudem stand Einaudi für die Liberalisierung der Finanzen und der Wirtschaft von staatlichen Zugriffen. Durch den von ihm propagierten Freihandel wollte er den Anschluss Italiens ans restliche Europa erreichen. Doch das sollte erst in den sechziger Jahren gelingen.

Obwohl nach dem Krieg immerhin 92 Prozent der Industrieanlagen intakt, 62 Prozent des Eisenbahnnetzes funktionstüchtig und 50 Prozent der Verkehrsmittel betriebsbereit waren – und somit günstige Voraussetzungen für einen schnellen Wiederaufbau gegeben schienen – verzögerte sich immer wieder der von allen erhoffte wirtschaftliche Durchbruch. Das hatte einen wesentlichen Grund: Parallel zum Wiederaufbau sollte Italien von einem Agrarland zu einer Industrienation umgebaut werden. Ein riesiges Reformpaket wurde angeschoben, für dessen Entwicklungsprojekte in den Jahren zwischen 1945 und 1947 435 Millionen US-Dollar von der UNRA (United Nations Relief and Rehabilitation Administration) in das Land flossen. Zusätzlich zu diesen Leistungen schaltete sich auch der italienische Staat aktiv beim Wiederaufbau ein. Ihm gehörten immerhin 90 Prozent der Banken. Sie waren so etwas wie ein faschistisches Erbe. Mit Investitionen und Krediten förderte er Gründungen von Unternehmen und wirtschaftlichen Instituten – die so genannten Partecipazioni Statali. In Italien herrschte in der Nachkriegszeit so etwas wie ein Staatskapitalismus, in dem von zentraler Stelle zahlreiche Programme angeschoben wurden.

Eines der relevantesten und bis in die neunziger Jahre hinein wirkenden Staatsprojekte war die »Cassa per il Mezzogiorno« (Kasse für Süditalien). Sie wurde 1950 ins Leben gerufen und verfolgte den Zweck, den Aufbau Süd voranzutreiben. Mit diesem Projekt wollte Ministerpräsident De Gasperi ein politisches Signal setzen: Durch die staatlichen Investitionen zur Förderung von Infrastruktur, Industrie, Landwirtschaft und Tourismus sollte der traditionell wirtschaftlich benachteiligte Mezzogiorno Anschluss an den wohlhabenden Norden des Landes finden. Bis heute aber ist dieses Ziel nicht erreicht worden.

Als Mezzogiorno wird das südliche Italien bezeichnet – die Regionen Abruzzen, Molise, Kampanien, Apulien, Basilikata, Kalabrien, Sizilien und Sardinien, die etwa 41 Prozent der Gesamtfläche des Landes ausmachen. In den Jahren von 1950 bis 1990 beliefen sich die staatlichen Subventionen auf rund 140 Milliarden Euro. Etwa ein Drittel des in den Süden geflossenen Geldes wurde allerdings nie für die vorgeschriebenen Projekte verwendet. Das hat Gründe, über die seit Jahrzehnten in Italien gestritten wird, ohne dass sich wirklich Einschneidendes ändert.

Die Erklärungen für das Missverhältnis zwischen Süden und Norden sind vielfältig und reichen von rassistischen Thesen bis hin zu soziologischen, historischen und geopolitischen Ansätzen. Noch heute vertreten gewisse politische Gruppierungen – wie die an der Berlusconi-Regierung beteiligte Lega Nord des Rechtspopulisten Umberto Bossi – die Ansicht, die Süditaliener seien aufgrund ihrer ethnischen Herkunft minderwertig und also nicht imstande, strukturierte Maßnahmen zu ergreifen, die dem Süden helfen würden.

Andere Ansätze erklären die wirtschaftliche Diskrepanz durch die unterschiedlich stark ausgeprägten Kapitalströme, die nach der Vereinigung Italiens 1870/71 in die Nord- und Südregionen geflossen sind. Geopolitiker meinen, die schlechten Bodenverhältnisse des Südens seien für die Unterentwicklung verantwortlich, weil sie nur einen begrenzten technologischen Fortschritt in Landwirtschaft und Industrie zuließen.

Der Mitbegründer der Kommunistischen Partie Italiens, Antonio Gramsci, vertrat bis zu seinem Tod 1937 eine Haltung, die noch heute viele Landwirte und Arbeiter des Südens teilen: Die Unternehmer und Großgrundbesitzer hätten ein Interesse an der wirtschaftlichen Abhängigkeit des Südens vom Norden, weil sie nur auf diese Weise billige Arbeitskräfte rekrutieren und südliche Absatzmärkte nach ihren Vorstellungen gestalten könnten.

Eine weitere These begründet die schlechte ökonomische Lage des Südens mit der Schattenwirtschaft der in diesen Regionen stark verankerten mafiosen Organisationen wie der *Cosa Nostra* (Sizilien), der *Camorra* (Neapel) und der *'Ndrangheta* (Kalabrien und Apulien). Nach Schätzungen des Handelsfachverbandes Confcommercio mussten in den neunziger Jahren rund 30 Prozent aller im Mezzogiorno Handel Treibenden Schutzgelder abführen. Die Gefahr, dass durch die organisierte Kriminalität Geld in dunklen Kanälen verschwindet, hindere Geldgeber daran, in den Süden zu investieren.

Die über Jahrzehnte gewachsenen wirtschaftlichen und infrastrukturellen Diskrepanzen lassen sich mittels Statistiken jedenfalls einfach belegen – obgleich der Süden stark aufgeholt hat und die

Menschen dort heute Luxusgüter konsumieren wie in anderen Teilen Italiens auch. Setzt man Italien gleich 100 Prozent, so trug der Norden 1984 121 Prozent zur Wertschöpfung bei, der Süden dagegen nur 70 Prozent. Bis zum Jahr 1990 holte der Süden auf, der Unterschied zwischen den Landesteilen blieb dennoch erheblich. Der Süden trug 85 Prozent zur Gesamtwertschöpfung bei, der Anteil des Nordens sank auf 106,4 Prozent. Auch die Arbeitslosenzahlen sind von jeher unverhältnismäßig. Während die Quote der Nichtbeschäftigten im Norden noch 1990 bei 6,5 Prozent lag, waren im Süden 19,5 Prozent der Bevölkerung ohne Arbeit. Unter Jugendlichen betrug die Zahl der Arbeitlosen bis Ende der neunziger Jahre sogar bis zu 50 Prozent.

Die mangelnde Entwicklung des Mezzogiornos lässt sich zudem an Zahlen belegen, welche die Infrastruktur und den Konsum beschreiben. Das Eisenbahnnetz des Südens entsprach noch 1990, trotz der vielen Gelder, die bis dahin in den Ausbau des Verkehrsnetzes über Jahrzehnte geflossen waren, kaum einem modernen Standard. Nur 800 der insgesamt etwa 5 000 Kilometer Schienennetz waren zu diesem Zeitpunkt im Süden zwei- oder mehrgleisig ausgebaut. In Sizilien waren sogar noch 92 Prozent eingleisig, in Apulien 80 Prozent, in Kalabrien noch 69 Prozent. Auf Sardinien, dessen Bevölkerung noch heute starke Unabhängigkeitsbestrebungen hegt, waren im selben Jahr nur 16 von insgesamt 435 Kilometern zweigleisig ausgebaut.

Die unterschiedliche Entwicklung der beiden Landesteile offenbart sich zudem in der Entwicklung von Hochtechnologien. Während der Süden größtenteils wirtschaftlich vom Tourismus und der Landwirtschaft abhängt, haben sich die Zukunftsindustrien vernehmlich im Nordwesten Italiens angesiedelt und dort überwiegend, wo schon immer das Kapital zu Hause war: im Piemont. Etwa ein Drittel aller Beschäftigten Italiens, die in modernen Fertigungsanlagen arbeiten, sind dort tätig. 60 Prozent aller in Italien eingesetzten Industrie-Roboter sind in Turin im Einsatz. FIAT und Olivetti gehören auf diesem Feld bis heute zu den innovativsten Unternehmen. Beim Konsumverhalten zeigt sich die Diskrepanz ebenso deutlich. Die Menschen im Mezzogiorno essen weniger Fleisch, rauchen weniger und kommen im Haushalt mit einem geringeren Bestand an Elektrogeräten aus.

Trotz dieser tief verwurzelten Unstimmigkeit verzeichnete das ganze Land in den fünfziger und sechziger Jahren einen wirtschaftlichen Aufschwung. Treibende Kraft waren vorwiegend die Industriestädte des Nordens. Entsprechend dem deutschen Wirtschaftwunder, spricht man in Italien vom »Miracolo Economico«: Das Bruttosozialeinkommen stieg in den Jahren zwischen 1954 und 1963 jährlich um sechs Prozent. Auch der angestrebte Wandel von einem Agrarland zum Industriestaat machte Fortschritte. Im selben Zeitraum stieg die Zahl der in der Industrie Beschäftigten von 29,6 auf 38,6 Prozent, während die Zahl der in der Landwirtschaft Tätigen von 38,6 Prozent auf 27 Prozent sank.

Parallel zu den ökonomischen Bemühungen, das Land an westliche Standards anzupassen, wurde Italien zudem international integriert. 1946 wurde es als Mitglied in den Internationalen Währungsfond aufgenommen, und 1949 war Italien eines der Gründungsmitglieder der NATO. Sechs Jahre später unterzeichnete die italienische Regierung die Römischen Verträge und machte damit das Land zum Mitglied der Europäischen Wirtschaftsgemeinschaft (EWG). Seine endgültige internationale Anerkennung erreichte Italien, als es 1955 in die UNO aufgenommen wurde. Innerhalb kurzer Zeit – erst zwölf Jahre waren seit Ende des Krieges vergangen – gehörte Italien zu den sieben führenden Industrienationen der Welt.

Nichtsdestotrotz zwang das allmähliche Sterben der Bauernhöfe im Mezzogiorno immer mehr Süditaliener in den Norden. Andere kehrten Italien gänzlich den Rücken. Während bei vorherigen Auswanderungswellen die Menschen überwiegend nach Übersee zogen – in die Vereinigten Staaten, nach Argentinien, Brasilien, Uruguay oder Australien – emigrierten nun viele in europäische Nachbarstaaten wie die Schweiz, Belgien, Frankreich oder Deutschland. Aus Sizilien reisten 850 000 Menschen ab. Kalabrien verlor 600 000 Einwohner,

Kampanien 400 000, Apulien 363 000. Durch die Migration ging dem Süden so genanntes Humanpotenzial verloren. Den Unternehmen im Norden schadete diese Entwicklung zunächst offensichtlich kaum. Nur wenige Jahre später jedoch sollte sich zeigen, dass die wirtschaftliche und politische Schieflage innerhalb des Landes Konflikte provozierte.

Inmitten dieses sozioökonomischen Umbruchs entschied sich Vittorio Valletta, vom Präsidentenamt bei FIAT zurückzutreten. Gianni war mittlerweile 45 Jahre alt – eigentlich alt genug, um die Geschicke von FIAT leiten zu können. Seine Kritiker fanden, er tue dies bei den anderen in seiner Verantwortung stehenden Unternehmungen nach dem Prinzip von Versuch und Irrtum. Als Valletta nach einem Nachfolger Ausschau hielt, rechnete er kaum mit Gianni als ambitioniertem Kandidaten auf den Präsidentensessel. Aufgedrängt hatte der sich bislang wahrlich nicht. Zudem hatte Valletta seinen engsten Mitarbeitern im Vorstand immer wieder zu verstehen gegeben, dass bei FIAT eine Tradition herrsche, die er fortleben lassen wollte: Wer mindestens zehn Jahre in der Geschäftsführung erfolgreiche Arbeit leistet, kann sich – wenn der Zeitpunkt kommt – Hoffnung auf das Präsidentenamt machen. Hoffnungen machte sich Vallettas ergebener Mitarbeiter Gaudenzio Bono.

Während der Regentschaft Vallettas war Bono seine rechte Hand gewesen, so wie Valletta selbst jene des FIAT-Gründers gewesen war. Bono war ein lang gedienter Mitarbeiter von FIAT. Seit vierzig Jahren war er für das Unternehmen tätig. In dieser Zeit hatte er sich vom Arbeiter zum Geschäftsführer hochgedient. Eine derartige Karriere hatte niemand anderes bei FIAT vorzuweisen. Valletta war so sehr auf Bono fixiert, dass er den Verlauf des Tages, an dem er und Gianni sich wieder einmal zu einem Gespräch unter vier Augen zusammenfanden, so nie erwartet hatte.

Valletta war mittlerweile 83 Jahre alt. Unter seiner fast 20-jährigen Regentschaft war das Unternehmen nach dem Zwischentief in der Nachkriegszeit wieder zum größten und mächtigsten Haus Italiens avanciert. Als Valletta 1921 seinen Dienst als Buchhalter bei FIAT antrat, fuhren gerade einmal 34 138 Autos, 22 422 Lastzüge und 1 026 Busse auf Italiens Straßen. 45 Jahre später, als Valletta von seinem Amt als FIAT-Präsident zurücktrat, waren rund zehn Millionen Autos in Italien angemeldet. Die meisten davon waren von den FIAT-Produktionsbändern auf die Straßen gerollt. Valletta hatte also entscheidend zum Erfolg der Agnelli-Dynastie beigetragen. Unter ihm wurde FIAT zum innovativsten Autokonstrukteur in Italien und zum härtesten Konkurrenten für Volkswagen und Citroën. 1964 war der Umsatz von FIAT gegenüber 1959 um 7,7 Prozent gestiegen. In den Jahren von 1960 bis 1966 wuchs die Zahl der Belegschaft von 95 000 auf 137 000. Über eine Million Menschen waren direkt oder indirekt von FIAT abhängig. Sie waren Arbeiter, Angestellte, Zulieferer oder einfach nur Familien, deren Väter für FIAT arbeiteten und mit ihren dort verdienten Löhnen und Gehältern die Existenzen ihrer Frauen und Kinder sicherten. Für viele war FIAT ein Synonym für Wohlstand geworden.

Zu Vallettas Verdiensten gehörten auch die Sozialleistungen, die er während seiner Laufbahn für die Arbeiter eingeführt hatte. Er ließ für die Belegschaft Ferienheime bauen und Kindergärten, installierte Fortbildungsprogramme und organisierte Betriebsreisen zum französischen Wallfahrtsort Lourdes. FIAT wurde unter Valletta zum Staat im Staat.

Als eine seiner letzten Amtshandlungen brachte er das Automodell 600 auf den Weg, das zu den erfolgreichsten der FIAT-Geschichte gehört. Dieser Mann stand nun also dem fast vierzig Jahre jüngeren Agnelli-Spross gegenüber, als dieser völlig unerwartet ein Thema ansprach, das Valletta so nie erwartet hatte: »Ich denke, FIAT benötigt frischen Wind. Das Unternehmen hat eine Neuorientierung dringend nötig.«

Valletta war überrascht von der Offensive und provozierte Gianni: »Das klingt gut. Und wer, denken Sie, sollte die realisieren?«

Genauso unerwartet, wie Gianni vor zwanzig Jahren bei einem ähnlichen Gespräch mit Valletta sich gegen die eigene Präsidentschaft entschieden hatte, sagte er jetzt: »Ich denke, es liegt nun an mir.«

Er fuhr und fuhr und fuhr – der 600 gilt als eines der erfolgreichsten Modelle der FIAT-Geschichte.

Beeindruckt von Giannis Entschlossenheit und um einen direkten Konflikt mit ihm zu vermeiden, erwiderte Valletta: »Gut, dann also gehen Sie bitte auch zu Bono und berichten ihm selbst von Ihrer Entscheidung.«

Gianni beendete das Gespräch, das den Wachwechsel bei FIAT einleitete, lapidar, er sagte: »Kein Problem.«

Zwei Stunden später war auch Gaudenzio Bono eingeweiht. So wie er sich jahrzehntelang als treuer FIAT-Soldat den Beschlüssen von Giovanni I. und Valletta gebeugt hatte, akzeptierte er auch diese Entscheidung. Bono stellte sich in den Dienst des neuen FIAT-Präsidenten Gianni Agnelli. Valletta starb am 10. August 1967 im Alter von vierundachtzig Jahren in Pietrasanta bei Lucca.

Gianni übernahm FIAT – und Italien stürzte sich kopfüber von einer politischen Krise in die nächste. Das Unternehmen geriet in einen Strudel von Unruhen, Skandalen und Affären, aber blieb dennoch die Speerspitze der italienischen Industrie. Trotz aller unternehmerischen Missgeschicke, die Gianni in den ersten Jahren passierten, werden ihm seine Freunde später zugute halten, er habe FIAT erfolgreich durch eine überaus konfliktreiche Dekade wie die Siebziger manövriert. Der Wirtschaftsboom der fünfziger Jahre hatte FIAT in das Spitzentrio der europäischen Autoindustrie gehievt. Bis zum Ende der sechziger Jahre verdrängte das Unternehmen den härtesten europäischen Konkurrenten aus Deutschland auf die Plätze. In der Welt rückte FIAT unter Gianni Agnelli auf Rang drei der Autohersteller, nur General Motors und Ford waren vor dem italienischen Familienkonzern.

Innerhalb des Unternehmens setzte der neue Präsident auf eine Verjüngung der Führungsetage und die Erneuerung der Konzernstrukturen. Aus Frankreich holte er seinen jüngeren Bruder Umberto zurück in die Firmenzentrale, der bis dahin die französischen Geschäfte des Konzerns geleitet hatte. Seitdem war er so etwas wie die rechte Hand von Gianni. Auf diese Rolle wird Umberto bis ins hohe Alter abonniert sein: scheinbar auf ewig die Nummer zwei in der Familie, der Mann im Schatten von Gianni, der von allen Mitgliedern als Familienoberhaupt anerkannt wurde. Auch von Umberto. Gianni war sein älterer Bruder. Wie in vielen traditionell denkenden italienischen Familien ergibt sich bereits daraus die Hierarchie von selbst. Ein weiterer Grund für die Rangordnung war sicherlich das unterschiedliche Naturell der beiden Brüder. Umberto war zurückhaltender und maßvoller, finden manche. Andere meinen, er habe nicht das Talent von Gianni gehabt. Der wiederum sei besessener, risikobereiter, charismatischer und mit so etwas wie einem naturgegebenen Machtinstinkt ausgestattet gewesen. Nichtsdestotrotz ist der Qualitätssprung, den das Unternehmen FIAT im Laufe der Ära Gianni gemacht hat, zu großen Teilen auch Umbertos Arbeit zu verdanken.

Gianni machte Umberto zum Geschäftsführer und Vizepräsidenten. Gaudenzio Bono wurde später ebenfalls zum Vize befördert. Nun aber bekam er erst einmal von Gianni einen jüngeren Manager zur Seite gestellt. Nicoló Gioia war 50 Jahre alt und seit 1938 im Unternehmen. Der Riege des Topmanagements, das zu großen Teilen bereits unter Valletta tätig war, wurde von Gianni größere Autonomie und Selbstverantwortung zugestanden. Sie waren überrascht, denn so etwas hatte es unter dem alten Chef nicht gegeben. Unter Valletta galt immer nur eine Regel: Der Alte befiehlt, der Rest führt aus.

Mit nur wenigen, aber entscheidenden Zügen riss Gianni also das Ruder an sich. Damit fand sich FIAT nur kurze Zeit nach seinem Amtsantritt wieder fest in der Hand der Familie. Mit ihrer Unterstützung wollte er das Unternehmen endgültig an die internationale Spitze führen. Sein Ziel war es nun, die Vision seines Großvaters wahr zu machen. FIAT sollte ein Schwergewicht auf dem Weltmarkt werden. Um dies zu verwirklichen, zielte Gianni auf Fusionen mit geschwächten Unternehmen. Als Erstes nahm er das französische Traditionshaus Citroën ins Visier. Doch das, was als Coup geplant war, endete als Fiasko.

Mit einer vollen Kriegskasse unterm Arm machte Gianni Agnelli dem französischen Unternehmen ein Angebot, das die dortigen Bosse nicht ablehnen konnten. In den letzten Jahren hatte Citroën allein auf

Umberto Agnelli: Der jüngste der sieben Geschwister wurde Giannis rechte Hand, stand aber immer im Schatten seines Bruders.

dem heimischen Markt einen Anteil von über acht Prozent eingebüßt. FIAT wollte durch den Griff nach Frankreich seinen Absatzmarkt vergrößern. Als Synergieeffekt hätte FIAT zudem von der hervorragenden Entwicklungsabteilung von Citroën profitieren können. Die Franzosen sollten im Gegenzug Know-how für den Bau von Kleinwagen erhalten und ihr Lkw-Segment verstärken. Alles schien zu passen – und doch kam es nicht zu dem erhofften Durchbruch. Denn als Agnelli plötzlich mehr wollte als zunächst angekündigt und nach der Kontrolle des französische Unternehmens griff, intervenierte der französische Präsident Charles de Gaulle höchstpersönlich. Die angestrebte Fusion scheiterte. FIAT ließ sich auf einen Kompromiss ein. Das italienische Unternehmen bezahlte rund 30 Millionen Pfund Sterling für eine müde Kooperation, die bloß fünf Jahre anhielt, aber ursprünglich der erste Schritt zur internationalen Expansion sein sollte.

Außerhalb Italiens erlebte Gianni also ein erstes Fiasko. Innerhalb des Landes suchte er 1967 die Konfrontation mit der mächtigen staatseigenen Holdinggesellschaft IRI. In der Nähe von Neapel wollte Agnelli ein neues Werk errichten. Alfa Romeo hatte derweil bereits ein neues Fertigungshaus mit dem Namen Alfa-Sud in Süditalien gebaut. Agnelli fürchtete, der Konkurrent könne FIAT mittelfristig die Vormachtstellung auf dem heimischen Markt streitig machen. Er unterbreitete der Regierung den Vorschlag, ein eigenes Werk in Süditalien zu eröffnen und versuchte ihr gleichzeitig die Initiative schmackhaft zu machen, indem er die Privatinvestition als Subvention für den Mezzogiorno vermarktete. Ein FIAT-Werk, war sein Argument, würde Arbeitsplätze, Infrastruktur und Wohlstand schaffen.

Die Regierung jedoch lehnte ab. Später hieß es, die Funktionäre der IRI hätten die Christdemokraten dazu gedrängt, FIAT den Bau eines Werkes in der Nähe von Neapel zu verweigern. Als Gianni später erfuhr, dass der Bau des Alfa-Werkes von der staatseigenen IRI finanziert wurde, schäumte er vor Wut. Die Einmischung des Staates in den freien Wettbewerb hielt er für einen Skandal – zumal etwa zur gleichen Zeit der Staat selbst ein anderes großes Geschäft getätigt hatte. Sein Energieunternehmen ENI kaufte sich mittels eines großen Aktienpaketes in den privaten Chemiekonzern Montedison ein.

So erlebte Agnelli in kurzer Zeit nach seinem Amtsantritt zwei schwere Niederlagen, die ihm zeigen sollten, dass sein Leben nun kein Wunschkonzert mehr war. Auch seine Arbeiter begehrten bald auf. 1968 war das Jahr der Studentenrevolte. Im Jahr darauf erhoben sich die Arbeiter gegen die Unternehmen. FIAT wurde zu einem der zentralen Schauplätze der linken Agitation – und für viele Arbeiter und Studenten zum Feindbild Nummer 1.

4. Arbeitskampf! – Das Blut fließt, die Geschäfte stocken

Die großen Erfolge der Industrie in den fünfziger Jahren hatten eine Kapitalakkumulation zur Folge. Die politischen Aktivitäten der Arbeiterschaft waren auf dem Nullpunkt angelangt, die Gewerkschaften machtlos, das Unternehmertum unangreifbar. Der Boom hatte allerdings auch eine Kehrseite. Löhne und Gehälter stiegen zwar im Laufe der Jahre an, aber auch die Konsumnachfrage und die Preise erreichten ein Rekordniveau. Auf diese Entwicklung reagierte die Regierung mit schwachen Maßnahmen. Unter anderem drosselte sie die Nachfrage nach nicht lebensnotwendigen Konsumgütern. Dies stabilisierte zwar die Währung, hatte aber auch gleichzeitig zur Folge, dass die Produktion der Unternehmen sank und damit auch die Beschäftigungs- und die Investitionsrate.

In Vorwegnahme der sich anbahnenden Rezession legten als Erste die Arbeiter des Autowerks Alfa Romeo die Arbeit nieder. Das war 1962. Der 16 Tage andauernde Streik war der Startschuss für eine Reihe von Demonstrationen in anderen Industrieunternehmen. Der von den Arbeitern des Alfa-Werkes entfachte Protest sollte bis 1964 andauern.

Ein Ausweg aus dem Dilemma sollte nun ausgerechnet eine politische Konstellation bringen, die in den Jahren zuvor als unvorstellbar galt: Der Christdemokrat Aldo Moro beschloss, mit den Sozialisten eine neue Koalition einzugehen. Eine Regierung unter Beteiligung einer linken Partei hatte es seit 1947 nicht mehr gegeben. Den Reformkräften der politischen Mitte – mit den Christdemokraten als führender Kraft – war es seit 1947 immer wieder gelungen, PCI und

PSI aus den Machtzirkeln herauszuhalten. Unter der Last des ökonomischen Drucks wendeten sich die Christdemokraten also 1963 erstmals nach 16 Jahren wieder nach links. Dieser Schritt ging in die italienische Geschichte ein als die »apertura a sinistra«, die Öffnung nach links.

Was dann geschah, sollte später der einflussreichste italienische Politiker der Nachkriegszeit, der Christdemokrat Giulio Andreotti, als »Wahrheitsthriller« bezeichnen. Hauptdarsteller des Intrigenstücks waren der sizilianische General Giovanni De Lorenzo, der Koalitionsführer der Christdemokraten Aldo Moro und der Sozialistenführer Pietro Nenni. Jahrelang war De Lorenzo Leiter des Geheimdienstes. Unter seiner Regie wurden Dossiers von Politikern, Industriellen und Intellektuellen gesammelt. Angeblich sollen es bis zu seiner Absetzung 1967 über 150 000 Dossiers gewesen sein. Unter seiner Führung stand eine Armee von 20 000 Carabinieri in Bereitschaft, die bei einem tatsächlichen Linksruck die Regierung putschen sollte. Um den PSI an einer Regierungsbeteiligung zu hindern – oder um ihn derart zu schwächen, dass er von Teilen seiner Reformvorhaben abkam – wurde die Partei vom Geheimdienst unter Druck gesetzt. Der linke Flügel innerhalb des PSI sollte dazu bewegt werden, die Partei zu verlassen und eine neue, schon vor Jahren einmal da gewesene Gruppierung wieder zu beleben: die sozialistisch-proletarische Einheitspartei Italiens (PSIUP). Diese sollte mit dem PSI in Konkurrenz treten und diejenigen von der Partei abziehen, die gegen eine Koalition mit den Christdemokraten waren. Um die Abspaltung voranzutreiben, wurden Agenten in die Führungsetagen der Partei geschleust. Sie sollten gegen die bevorstehende Koalition agitieren. Der Plan sah weiter vor, die Reformer in den Reihen des PSI zu korrumpieren, um sie und ihre Forderungskataloge in der Öffentlichkeit unglaubwürdig zu machen.

Um Letzteres zu erreichen, finanzierten Geheimdienstoffiziere bestimmte Partei-Ortsgruppen, wie etwa jene im Alto-Adige, und spielten die Information über die illegale Finanzierung später der Presse zu. Aus der Geheimdienstkasse wurden auch Privatreisen von hohen Parteifunktionären bezahlt, wie der USA-Trip der Gattin eines engen Mitarbeiters von Sozialistenführer Pietro Nenni. Nenni selbst gehörte zu jenen in seiner Partei, die das Zusammengehen mit den Christdemokraten anstrebten. Ziel der Geheimaktionen also war, den PSI zu zerschlagen. Die Minimallösung sah vor, Nenni in eine Position zu setzen, die ihn bei den bevorstehenden Koalitionsverhandlungen erpressbar machte.

Die Summe der Maßnahmen zeigte Wirkung: Am 16. Juli 1964 kam es zu einem Treffen zwischen De Lorenzo und dem christdemokratischen Leader Aldo Moro, bei dem der General seine Bereitschaft untermauerte, im Falle einer Koalition der DC mit dem PSI seine Bataillone loszulassen. Am selben Tag waren die Koalitionsgespräche angesetzt. Nachdem Moro sich von De Lorenzo verabschiedet hatte, informierte er Nenni von seinem Treffen mit dem General und dem von ihm angedrohten Putsch.

Der italienische Historiker Giuseppe Tamburano, damals ein enger Mitarbeiter Nennis, schildert später die Ereignisse aus seiner Sicht: »Es kann sich um einen bloßen Zufall handeln, aber die Tatsache, dass die Verhandlungen zur Bildung einer Regierung des linken Zentrums genau an dem Tag weitergehen sollten, an dem Moro De Lorenzo traf, ist bezeichnend. (…) Die herrschende Klasse hielt den Moment für geeignet, die entscheidende Kraftprobe mit dem PSI zu wagen.« Und tatsächlich: Nenni war zwischen alle Fronten geraten. In der eigenen Partei kämpfte er gegen die Abspaltung. In den Verhandlungen mit der DC musste er von Eckpfeilern seines Programms abkommen, wollte er nicht für einen Putsch verantwortlich gemacht werden. Die Reformer im PSI warfen ihm vor, sozialistische Ideen verschachert zu haben. Teilen der Bevölkerung wiederum, die Nenni als Hoffnungsträger betrachtet hatten, erschien er nun als unglaubwürdig. Auch die Verlautbarung, mit der er sein Handeln zu rechtfertigen suchte, rettete sein Ansehen nicht: »Wenn das linke Zentrum das Handtuch geworfen hätte«, so Nenni, »wäre eine Regierungsmannschaft des Industriellenverbandes (Confindustria) und des Italienischen Landwirtschaftsverbandes (Confagricola) bereit gewesen.«

Das wollte er auf jeden Fall vermeiden. Die Wahrheit aber war: Nenni war aus dem Machtkampf gegen die Spitzenfunktionäre der DC als Verlierer auf der ganzen Linie hervorgegangen.

Die Presse reagierte auf die Gerüchte um den Putsch und den Komplott gegen den PSI sehr unterschiedlich. *La Stampa* etwa betitelte den angeblichen Staatsstreich als »Märchen«. Andere Tageszeitungen verfielen in ähnliche Kommentare. Das Nachrichtenmagazin *L'Espresso* war der Meinung, die Christdemokraten hätten bei ihren Verhandlungen mit dem PSI zwar die Möglichkeit eines Putsches bewusst einkalkuliert. Dabei, so das Blatt, hätte man aber auf der anderen Seite leicht merken müssen, dass es sich um einen Bluff handelte. Drei Jahre später rollte das gleiche Nachrichtenmagazin – welches übrigens damals Gianni Agnellis Schwager Carlo Caracciolo gehörte – die Affäre erneut auf. Und diesmal stellte es plötzlich ungeheuerliche Thesen auf und belegte sie sogar mit Zeugenaussagen. Die Journalisten Eugenio Scalfari und Lino Jannuzzi schrieben im Mai 1967: »Komplott im Quirinal«, »Hier die Beweise« und »Das hat mir De Lorenzo gesagt«. In der Affäre um den PSI habe tatsächlich so etwas wie ein rechter Notfallplan existiert, der so genannte *Piano solo*. Dieser solle bereits zu Lebzeiten des Christdemokraten De Gasperi erstellt worden sein. Ein Putsch, so die Journalisten, sei also tatsächlich geplant gewesen.

De Lorenzo wird in einem der Artikel mit einer Verteidigungsrede zitiert. Darin behauptete der General, er sei es gewesen, der auf Anordnung des Staatspräsidenten Segni den geplanten Staatsstreich am 14. Juli gestoppt habe. Der mutmaßliche Putschist soll also die Republik gerettet haben. Später klagte er Scalfari und Jannuzzi der Verleumdung an und erreichte einen kleinen juristischen Erfolg, denn die Journalisten wurden schuldig gesprochen.

Ihre Presseberichte hatten aber zur Folge, dass sich die Öffentlichkeit zunehmend beunruhigt zeigte über das Geschehene. Unter dem Vorsitz des Generals Beolchini wurde ein Untersuchungsausschuss eingesetzt. Dieser sollte einer der seltenen Ausschüsse werden, der tatsächlich ein wenig Licht in das ewige Dunkel des intrigenreichen

Italiens brachte. Es kam heraus, De Lorenzo hätte sich mittels eines Geheimpapiers gegenüber der amerikanischen CIA verpflichtet, Notstandsmaßnahmen zu planen, ohne die Regierung zu informieren. Nachdem dies an die Öffentlichkeit gelangt war, wurde De Lorenzo abgesetzt. Er war mittlerweile Oberst des Generalstabs des Heeres. Auch Staatspräsident Segni musste zurücktreten. Um sein Ansehen nicht zu ruinieren, hieß es offiziell, Segni trete freiwillig und aus gesundheitlichen Gründen von seinem Amt zurück. Der Geheimdienst SIFAR wurde reformiert und in SID umbenannt.

Die Geburt der Studentenbewegung in Italien wird – wie auch in Frankreich oder Deutschland – auf das Jahr 1968 datiert. Ihren Anfang nahm sie in Wirklichkeit aber bereits fünf Jahre zuvor, als die ersten Architektur-Fakultäten besetzt wurden, weil man das veraltete Lehrangebot ablehnte und den Lehrkörper als »faschistisches Erbe« empfand. Zwei Jahre später verstärkte sich der Protest, als der Erziehungsminister Gui ein Gesetz zur »Modifizierung der universitären Ordnung« vorlegte. Die aus Sicht der Studenten halbherzigen Reformen waren für sie der erneute Beweis dafür, dass die Regierung unter Moro nicht gewillt war, eine wirkliche Bildungswende einzuleiten.

Die Universitäten von Trient, Mailand und Pisa bildeten die Zentren der Oppositionsgruppen. In Pisa gründete sich ein Kollektiv mit dem Namen *Potere Operaio* – die Macht des Arbeiters. In Mailand formierte sich eine Gruppe, deren Kritik sich massiv gegen den Katholizismus wandte. Ebenso in Trento. Diese Universität sollte sich später als die Geburtstätte der Brigate Rosse herausstellen, denn dort waren die Studenten Mara Cagol, ihr Mann Renato Curcio und Giorgio Semeria eingeschrieben. Sie würden später den so genannten *nucleo storico* bilden, den historischen Kern der Roten Brigaden. Den Protesten auf diesen drei Universitäten folgten Besetzungen in vielen weiteren Hochschulen.

Nachdem 1967 der Putschversuch seitens De Lorenzos bekannt geworden war, demonstrierte die Studentenschaft nicht mehr nur gegen miserable Studienbedingungen. Unter dem Eindruck der Ereignisse richtete sich ihr Protest bald auch gegen das kapitalistische Weltbild an sich.

1969 kam dann der »heiße Herbst«: 32 Tarifverträge für fünf Millionen Arbeiter und Angestellte liefen aus. Dazu wurden von den Arbeitnehmern Reformen des Wohnungs-, Steuer- und Gesundheitssystems gefordert. Als die Arbeitgeber keine Anstalten machten, neue Vorschläge zu unterbreiten, entlud sich der Unmut der Arbeiter in gewalttätigen Aktionen. Die Werkhallen von Pirelli, Alfa Romeo, Sit-Siemens, IBM, Magneti Marelli, FIAT und anderen wurden Schauplatz eines Arbeitskampfes, der so bislang noch nie geführt worden war.

Die Arbeiter traten zu großen Teilen autonom auf, weil sie die Gewerkschaften als Handlanger des Kapitals vermuteten. Jenseits der Kontrolle von Gewerkschaften entstanden in den Betrieben Gruppen und Komitees, die punktuelle Aktionen planten und durchführten. Statt ganzer Betriebe streikten vereinzelte Abteilungen. Auf diese Weise wurden gezielt Teile der Produktion sabotiert. Die Gesamtherstellung verlangsamte sich oder kam ganz zum Erliegen. Die Arbeiter scheuten sich nicht, Fabrikationsanlagen zu zerstören, Streikbrecher zu bedrohen, Streikposten anzugreifen und Vorgesetzte und Manager von Unternehmen zu verprügeln und deren Autos anzuzünden. Am Ende des Jahres 1969 hatten etwa 7,5 Millionen streikende Arbeiter für einen Ausfall von drei Millionen Arbeitsstunden gesorgt.

FIAT geriet dabei in den Mittelpunkt der Proteste. Dort reagierte die Firmenleitung unter Gianni Agnelli schnell und rigoros. Sie entließ kurzerhand 122 Mitarbeiter, die unter dem Verdacht standen, an Gewaltaktionen beteiligt gewesen zu sein. Die Entlassungen waren der Beginn einer 3 000 Tage andauernden Fehde zwischen Arbeiterschaft und Unternehmensführung.

Ende November des Jahres 1969 brachte der Arbeitsminister Gewerkschaften und FIAT-Führung an einen Tisch. Aus den Verhandlungen ging Gianni Agnelli als Verlierer hervor. Der zur Debatte stehende neue Tarifvertrag für die Metallindustrie diente dem Minister dabei als Druckmittel, und so zwang er Agnelli, die entlassenen 122 Arbeiter wieder einzustellen. Auch andere Großunternehmen wurden von der Regierung zum Einlenken bewegt – aus Sorge, die Situation könnte weiter eskalieren.

An dem tiefen Misstrauen der FIAT-Arbeiter änderten diese Entscheidungen dennoch nichts. Als 1971 das uralte Spionagesystem des Unternehmens aufgedeckt wurde, gab das den Ausschlag: Gianni Agnelli, über den konservative Unternehmer die Nase rümpften, weil sie ihn für »sozialdemokratisch« und »arbeitnehmerfreundlich« hielten, stellte für die Arbeiter nunmehr nichts anderes dar, als den Inbegriff des Klassenfeindes.

Seine Familie machte sich nun ernsthafte Sorgen um Gianni. Jahrelang hatte der das Leben in vollen Zügen genossen, und nun – knapp vier Jahre, nachdem er den Posten bei FIAT übernommen hatte – befand er sich inmitten der Wirren eines Arbeitskampfes, der in nicht allzu ferner Zeit zu einem Krieg zwischen Terroristen und Staat werden sollte. Dieser Krieg hatte viele Auslöser. Unter anderem eine Reihe rechtsterroristischer Attentate, wie das auf der Piazza Fontana in Mailand. Am 12. Dezember 1969 explodierte in der Banca dell'Agricoltura eine Bombe und riss 16 Menschen in den Tod, 88 weitere wurden schwer verletzt. Wer die Drahtzieher des Attentats waren, ist bis heute nicht geklärt. Untersuchungen ergaben, es könnte ein Plan faschistischer Untergrundgruppen wie Ordine Nuovo gewesen sein, die es den Linken zuschreiben wollten. Diese Form des Komplotts war nicht neu. Sie wurde in Italien als *Strategia della Tensione* bezeichnet, die Strategie der Spannung.

Was auch immer die Wahrheit war, das Attentat beschleunigte jedenfalls die Radikalisierung der Studenten. Aus dem Colletivo Politico Metropolitano (CPM) – so etwas wie das Zentralkomitee der Studentenbewegung – rekrutierten sich ab 1969 verschiedene radikale Gruppen, wie etwa Lotta Continua (Der Kampf geht weiter), Prima Linea (Frontlinie) oder die Nuclei Armati Proletari (Bewaffnete proletarische Zellen). Die Gruppe, die in den folgenden Jahren den höchsten Grad an Organisation herausbilden und ins Zentrum des Kampfes gegen das Establishment rücken sollte, waren die Brigate Rosse (BR).

Die Gruppe setzte sich aus verschiedenen Brigaden zusammen, also Kleinsteinheiten, deren Ziel es war, Kontakte zu der Arbeiterschaft in den Unternehmen aufzunehmen. Doch die BR beschränkten sich nicht bloß darauf, den theoretischen Unterbau zu liefern, sondern verstanden sich selbst als Teil der proletarischen Massenbewegung, der so genannten *operaio massa*. Gemeinsam mit »der Klasse der Proletarier« wollten sie Strategien entwickeln, die sie von der Herrschaft der *padroni* (Firmeneigner, Großgrundbesitzer, Vorgesetzte) befreien sollten.

Die erste Gewalttat verübten die BR am 17. September 1970. Dabei wurde der Wagen des Siemens-Managers Giuseppe Leoni durch einen Brandsatz zerstört. Später kamen Entführungen und inszenierte Schauprozesse von führenden Mitarbeitern des Großunternehmens dazu. Der Reifenkonzern Pirelli geriet dadurch regelrecht in den Mittelpunkt der BR-Aktionen. Die bürgerliche Tageszeitung *Corriere della Sera* bezeichnete die BR als »so genannte außerparlamentarische Oppositionsgruppe«. Die linke *L'Unità* nannte die Gruppe »Provokateure«. Sie vermutete, sie sei keine linke Gruppierung, sondern in Wirklichkeit der verlängerte Arm der Unternehmer, da sie durch ihre Aktionen den legitimen Arbeitskampf kriminalisiere.

In der zweiten Phase weiteten die BR ihre Aktionen aus. Sie richteten sich nun nicht mehr nur gegen Objekte, sondern auch gegen verantwortliche Manager der Unternehmen. Erstes Opfer war am 3. März 1972 Idalgo Macchiarini von Siemens. Der 42-jährige Manager wurde von einem dreiköpfigen Kommando – in Blaumänner gekleidet und maskiert – um etwa 19 Uhr auf seinem Weg vom Büro zum Auto abgefangen. Macchiarini wurde in einem FIAT 750 Kombi verschleppt, verhört und nach 20 Minuten wieder freigelassen. Mit dieser Aktion wollten die BR unterstreichen, dass sie zu allem fähig waren. Vorarbeiter und Manager anderer Unternehmen sollten sich ab diesem Moment nicht mehr sicher fühlen.

Und so kam es, denn nun erreichten die Aktionen der BR auch FIAT. Hier wurde der christdemokratische Gewerkschaftsführer Bruno Labate verschleppt und einem – wie die BR es nannten – »Volkstribunal« unterzogen. In einer Garage wurde Labate vier Stunden lang verhört, dann kahl geschoren und ohne Hosen an das Werktor von FIAT gekettet. Um seinen Hals trug er ein Schild mit der Aufschrift: »Das ist Bruno Labate, Provinzsekretär der CISNAL, einer faschistischen Pseudogewerkschaft, die die Unternehmer in den Fabriken am Leben erhalten, um die Arbeiterklasse zu spalten, um die Streikbrecher zu organisieren, um Aggressionen und Provokationen gezielt einzusetzen, um alle möglichen Arten von Spitzeln in die Abteilungen einzuschleusen.« Labate wurde damit für etwas zur Verantwortung gezogen, das erst kurze Zeit zuvor ans Licht gekommen war und die FIAT-Unternehmenskultur sowie das moralische Verhalten der Bosse in Zweifel zog: 1971 erfuhr die Öffentlichkeit, dass FIAT seine Mitarbeiter seit 1917 ausspioniert hatte. Insgesamt brachten die Untersuchungen der Turiner Staatsanwaltschaft 354 077 Akten aus dem FIAT-Archiv zutage. In den Augen der Gewerkschafter, Arbeiter und militanter Linker standen Gianni Agnelli und seine Familie als skrupellose Kapitalisten da. Unter der Regie von Gianni Agnelli sollen zwischen 1967 und 1971 immerhin 150 000 Dossiers von FIAT-Mitarbeitern und solchen, die es werden wollten, erstellt worden sein.

Nach einer zwei Jahre dauernden Untersuchung stellte die Staatsanwaltschaft fast die gesamte Riege der FIAT-Führung unter Anklage. Nur zwei Männer waren davon ausgenommen: die Brüder Gianni und Umberto Agnelli. Warum, verstand bei den Arbeitern niemand. Die Fronten verhärteten sich weiter: Im März 1973 besetzten FIAT-Arbeiter mit Waffengewalt das Mirafiori-Werk und verteidigten es eine Woche lang gegen die Carabinieri. Die Gewerkschaften und auch die Kommunistische Partei hatten keinen Einfluss mehr auf die entschlossenen Arbeiter.

Das Schreckgespenst des Putsches wurde derweil immer wieder durch spektakuläre Gerüchte und Ereignisse genährt, von denen man nicht wusste, ob sie von bestimmten Lobbys klug inszeniert waren oder ob das Ende der demokratischen Republik tatsächlich bevorstand.

Auch der Mann, der kurze Zeit später Bewegung in die politische Landschaft brachte, sollte am Ende den Linksextremisten nur einen weiteren Grund liefern, zu den Waffen zu greifen. Am 13. März 1972 wählte der Kongress des PCI den Sarden Enrico Berlinguer zu ihrem neuen Generalsekretär. Er war der erste italienische Kommunistenführer, der kein Russisch sprach. Und dies war durchaus ein wenig bezeichnend für seine Haltung gegenüber den sowjetischen Genossen.

Innerhalb der weltweiten kommunistischen Bewegung kämpfte Berlinguer für einen unabhängigen Kurs der nationalen westeuropäischen Parteien von Moskau. Er war entscheidend daran beteiligt, den demokratisch orientierten Eurokommunismus zu definieren und realpolitisch umzusetzen. In Italien sollte das durch den so genannten Historischen Kompromiss geschehen. Dabei versuchte Berlinguer, eine ideologische Brücke zu schlagen zwischen Kommunismus und Katholizismus. In der Zeitschrift *RINASCITA* schrieb er ab 1973 drei programmatische Artikel darüber, wie der PCI für die Christdemokratie und andere Parteien des bürgerlichen Spektrums bündnisfähig gemacht werden könnte.

Auf der anderen Seite aber standen die NATO-Partner dem Treiben der italienischen Kommunisten mehr als skeptisch gegenüber. Sie befürchteten, der Einfluss Berlinguers auf die Regierungspolitik Italiens könnte nach wie vor den Einflussbereich Moskaus und damit den des Warschauer Paktes auf die westeuropäischen Bündnisländer ausweiten. Der harte Kern der Rotbrigadisten beschloss indes endgültig, zu den Waffen zu greifen und die Ebene des Fabrikkampfes zu verlassen, um in der neuen Phase »das Herz des Staates« anzugreifen.

Der Krieg gegen den Staat begann an dem Tag, an dem Gianni Agnelli nach langer Zeit wieder etwas zu feiern hatte. Seit er die Regie in Italiens mächtigstem Unternehmen übernommen hatte, wankte FIAT von einer Krise in die nächste – Citröen, die Arbeiterrevolten, die erstarkten Gewerkschaften, die miserablen Finanzen und zuletzt die Aufdeckung des Spionageaffäre. Für jeden anderen Manager wäre diese Zwischenbilanz einem Debakel gleichgekom-

Enrico Berlinguer: italienischer Kommunistenführer und Architekt des so genannten Historischen Kompromisses.

men. Nicht für Gianni Agnelli. Er blieb selbst in Krisenzeiten unberührbar. Mitte der siebziger Jahre – also inmitten der Schwierigkeiten – beschlossen die führenden Köpfe des Arbeitgeberverbandes Confindustria, Gianni Agnelli zu ihrem Vorsitzenden zu bestimmen. Er, der alle Hände voll mit der Krise im eigenen Unternehmen zu tun hatte und auch sonst nie Anstalten gemacht hatte, einen öffentlichen Posten anzustreben, lehnte zunächst ab – und brachte sich dann doch wieder ins Spiel, als ihm bewusst wurde, dass er seinem Konzern am besten aus der Misere helfen konnte, wenn er sich selbst an die vorderste politische Front wagte. Am 30. Mai 1974 ließ sich Gianni zum Vorsitzenden küren.

Gegen 20.50 Uhr rollte ein Wagen mit einer fünfköpfigen Besatzung vor das Haus des Richters Mario Sossi in Genua. Dieser galt in den Augen der Mitglieder der BR als ein besonders scharfer Gegner, da er in dem Mordprozess gegen die Mitglieder der Bewegung »22. Oktober« für sehr hohe Haftstrafen eingetreten war. Der Anführer der Gruppe, Mario Rossi, war zu lebenslanger Haft, seine Mitstreiter zu insgesamt 180 Jahren Gefängnis verurteilt worden. Die Männer schleppten den Richter aus dem Haus, beförderten ihn in das Auto und fuhren ihn aus der Stadt heraus ins ligurische Appenin. Dort sollte er verhört und später gegen die verhafteten Genossen ausgetauscht werden. So weit der Plan.

Der Staat reagierte auf die neue Qualität der BR-Aktion verunsichert. Krisenstäbe wurden einberufen, doch alle Entscheidungen wurden vertagt, verzögert und verschleppt. Innenminister Paolo Emilio Taviani ließ indes das Mailänder Gefängnis Marassi von Militärs umstellen, weil er fürchtete, die BR würden versuchen, die gefangenen Mitglieder der Gruppe »22. Oktober« gewaltsam zu befreien. Die Regierung war für kurze Zeit wie gelähmt und schien auf die Bedingungen eingehen zu wollen, als plötzlich der Generalstaatsanwalt von Genua, Francesco Coco, sein Veto einlegte. Im Lager der Entführer wurden zur gleichen Zeit ebenfalls erbitterte Diskussionen geführt. Wie sollte man der Ernsthaftigkeit des Anliegens Nachdruck verleihen? Wie den Staat dazu zwingen, die geforderten Bedingungen einzuhalten? Nach 35 Tagen ließ das BR-Kommando Sossi zwar wieder frei, erledigt aber war diese Geschichte für sie nicht. Zwei Jahre später folgte die Heimsuchung. Am 8. Juli 1976 erschoss ein Kommando der BR den Staatsanwalt Coco in Genua.

Der zunehmende Terror schien das Land in einen Strudel der Gewalt hineinzuziehen. Der Staat antwortete darauf mit dem Gesetz »Reale« – das Notstandsgesetz verhinderte allerdings eine weitere Eskalation nicht.

Die erste Generation der BR war bereits in Haft. Am 8. September 1974 war sie von einem Sondereinsatzkommando der Carabinieri in der Nähe von Villar Perosa festgenommen worden. Der Staat wähnte sich bei der Bekämpfung des Terrorismus auf dem richtigen Weg, ahnte aber nicht, dass sich im Untergrund bereits die zweite Generation um ihren Anführer Mario Moretti formiert hatte. Die Fronten verhärteten sich, als die Staatsgewalt begann, ihr Fahndungsnetz immer enger zu ziehen. Ihren Krieg weiteten die BR ab 1975 auf alles und jeden aus, und sie brachten es in einer Parole auf den Nenner: *Portare la lotta al cuore dello stato* (den Krieg ins Herz des Staates hineintragen).

Zum Herz des Staates gehörten ihrer Ansicht nach auch Wirtschaftsimperien wie das der Familie Agnelli. Als Oberhaupt seiner Dynastie befand sich Gianni Agnelli in einer schwierigen Situation. Die schlechte Auftragslage hatte ihn dazu gezwungen, 70 000 FIAT-Mitarbeiter in die Kurzarbeit zu schicken. Nicht nur der nationale, auch der internationale Absatzmarkt erschwerte nach dem Ausbruch der Ölkrise die Geschäfte erheblich. Die Autoproduktion ging zurück. Protestkundgebungen der Arbeiter waren an der Tagesordnung. Das Verhältnis zwischen ihnen und der Unternehmensführung war zerrüttet.

Umberto Agnelli, Geschäftsführer von FIAT, sah bereits den Ruin auf das Unternehmen zukommen. Und als wäre das nicht genug, waren da auch noch die Arbeitnehmer, die auf Gianni Druck ausübten. Sie konfrontierten den neuen Vorsitzenden der Confindustria mit der Forderung, den Arbeitsausfall in ihren Betrieben durch einen Steuerboykott aufzufangen. Gianni Agnelli versuchte, die nervös gewordenen Unternehmer zu beschwichtigen und appellierte an ihre Verantwortung für die Entwicklung des Landes. Viele Freunde machte er sich durch die staatsmännische Haltung bei seinen Kollegen nicht.

Wie andere Großkapitalisten auch gehörte der FIAT-Boss für die BR zum Kreis der absoluten Feinde. Jahre später kam heraus: Die Rotbrigadisten hatten Giannis Entführung ebenso geplant wie die seines Bruders Umberto. Gianni Agnelli muss in dieser Zeit die Gefahr gespürt haben, denn er verlegte seinen Wohnort von seinem Geburtshaus im Corso Matteotti, dem früheren Corso Oporto, in die Innenstadt Turins. Dort fühlte er sich sicherer. Zudem – so ein Gerücht – trug Gianni Agnelli immer eine Zyankali-Kapsel bei sich, die er im Notfall schlucken wollte, sollte er Opfer einer Entführung werden. An seine Familie soll er für den Ernstfall folgenden Befehl ausgegeben haben: »Niemand zahlt auch nur eine Lira, sollte ich einmal in die Fänge von Verbrechern gelangen.«

Die Familie war in alle Welt verstreut. Sie lebte zu Teilen in New York, Paris, London oder pendelte zwischen verschiedenen Städten. Giannis Kinder Edoardo und Margherita wurden, wenn sie sich in Italien aufhielten, von einer Leibwache beschützt. Entführungen waren in den Siebzigern nicht nur ein beliebtes Druckmittel von Terroristen, daraus war so etwas wie ein gewinnträchtiger Geschäftszweig für Ganoven aller Art geworden. Über Entführungsfälle wurde in dieser Zeit häufig im *Telegiornale* berichtet, der Nachrichtensendung des staatlichen Fernsehens. Zudem verging auch kaum eine Woche, in der regionale TV-Stationen nicht über Mafiamorde berichteten. Häufig sah man in den Gazetten Bilder von zerschossenen Autos, die irgendwo verlassen aufgefunden worden waren und in denen eine blutüberströmte Leiche lag. Straßenkontrollen von Polizisten waren in Italien an der Tagesordnung.

Gianni versuchte, seine harte Haltung gegenüber seinen Arbeitern durchzusetzen, doch ihn plagten auch immer häufiger Zweifel. In einem Interview mit dem amerikanischen Magazin *Esquire* reflektierte er 1978, nach der Ermordung Aldo Moros, rückblickend seine damalige Situation: »Nach dem erfolgreichen Wiederaufbau Italiens in den fünfziger Jahren habe ich nicht damit gerechnet, dass ich zwanzig Jahre später plötzlich in einer Situation sein würde, in der ich alles in Frage stellen müsste: meine Zukunft, mein Geschäft, mein Land – es war, als stünde ich am Abgrund.«

1975 war die Finanzmisere FIATs derart gravierend, dass Gianni den Aktionären keine Dividende auszahlen konnte. Um die Zwangslage endlich zu überwinden, holte Gianni einen Krisenmanager ins Haus. Carlo De Benedetti gehörte zu einer Riege von Männern, die die Zeitung *Il Mondo* wenige Jahre später in einer Sonderbeilage mit dem Titel »Die Landkarte der Wirtschaftsmacht in Italien« zu den Hoffnungsträgern der italienischen Ökonomie zählen sollte. Unter ihnen war auch Silvio Berlusconi. De Benedetti sollte das Unternehmen also aus der Krise führen. Doch De Benedetti kam nicht, ohne Bedingungen zu stellen: Er wollte an der FIAT-Gruppe beteiligt werden. Kurzerhand kaufte Gianni dessen Firma und sicherte ihm im Gegenzug fünf Prozent der FIAT-Stammaktien zu. Nach der Familie Agnelli war De Benedetti damit mit einem Schlag zweitgrößter Aktionär.

Einen Manager, der nicht zur Familie gehörte, ins Herz des Unternehmens aufzunehmen, war noch nie Sache der Agnellis gewesen. Auch Giovanni I. hatte sich lange dagegen gesträubt, bis er endlich Vertrauen zu Valletta entwickelt hatte. Gianni aber wagte den Schritt mit De Benedetti, und sein Bruder Umberto unterstützte ihn dabei. Immerhin kannten sich deren Familien schon lange. Die De Benedettis wohnten im selben Turiner Palast wie die Agnellis. Umberto und Carlo De Benedetti wurden beide im Jahr 1934 geboren. Als Umberto schließlich plante, in die Politik zu gehen, räumte er seinem Jugendfreund Carlo bereitwillig das Feld. Umberto hatte vor, für die DC zu kandidieren: »Die Christdemokraten«, erinnert er sich, »haben damals aus Angst, die Kommunisten würden sie bei der kommenden Parlamentswahl überrunden, jedem und allen einen Berg von Versprechungen gemacht. Auch mir.« Ihm versprachen sie, auf einem sicheren Listenplatz für sie antreten zu können. Gianni dachte währenddessen darüber nach, für die Republikaner anzutreten.

Das konservative Lager zog derweil eine konkrete Zusammenarbeit mit den Kommunisten in Erwägung. Aldo Moro und Enrico Berlinguer bewegten sich in ihren öffentlichen Äußerungen immer weiter aufeinander zu. Der Kommunist trat auch beim Generalsekretär der KPdSU in Moskau, Leonid Breschnew, offen für eine Koalition mit den Christdemokraten ein.

Das Selbstbewusstsein, mit dem Berlinguer auftrat, resultierte aus der wachsenden Zustimmung, die er in der Bevölkerung verspürte. Im Vergleich zum Juni 1953 verzeichnete die Linke im Juni 1976 einen Stimmenanstieg von zehn Prozent. Bei den kommenden Wahlen hoffte Berlinguer nun auf das, was die Christdemokraten gleichzeitig fürchteten, den so genannten *sorpasso*, das Überholmanöver der Kommunisten zu Ungunsten der DC.

Am 20. Juni 1976 standen die Parlamentswahlen an. Die bevorstehenden Kandidaturen der beiden Agnelli-Brüder sorgten für Aufregung. Die Christdemokraten befürchteten, Giannis Kandidatur für die Republikaner würde die Konservativen Stimmen aus dem Industriebürgertum kosten. Später gab Gianni allerdings seine Idee auf. Umberto aber blieb auf einem Listenplatz der DC.

De Benedetti machte sich indes daran, FIAT aus dem Sumpf zu ziehen. Sein Sanierungsplan sah vor, das Management zu reformieren, Investitionen freizumachen – und Personal zu entlassen. In den Medien ließ er überraschenderweise verlautbaren, er habe nicht vor, bloß ein Angestellter von FIAT zu sein. Was er damit meinte, wurde kurze Zeit später deutlich. Innerhalb weniger Wochen hatte sich De Benedetti mit Vertrauensleuten umgeben. Gianni und Umberto, die vollstes Vertrauen in De Benedetti hatten, vermuteten nichts Böses hinter dem Spiel ihres neuen Geschäftsführers. Nun aber sollte sich dessen Gerissenheit gegen die Agnelli-Brüder richten. Es wird vermutet, der »Tiger« – so nannten sie ihn bei FIAT, weil er den behäbigen und alteingesessenen Managern gern die Krallen zeigte – habe vorgehabt, durch Hintermänner 24 Prozent der Stammaktien zu erwerben, um so Gianni Agnelli als Präsident bei FIAT in Bedrängnis zu bringen. Agnellis Holding IFI war im Besitz von 25,71 Prozent der Stammaktien.

Ob das wirklich die Gründe für die Entlassung De Benedettis waren, ist bis heute ungeklärt. Auf jeden Fall flatterte nach nur einhundert Tagen De Benedetti bereits die Kündigung ins Haus. Angeblich soll die Familie den Manager zur Rede gestellt haben, als sie von den Gerüchten erfuhr, und ihn kurzerhand vor die Tür gesetzt haben. Offiziell ließ Gianni Agnelli in der Presse verlautbaren, FIAT habe sich von seinem Geschäftsführer getrennt »aufgrund politischer Differenzen«.

Das Ergebnis der Parlamentswahlen wurde zu einer Enttäuschung für die Linke. Sie verfehlte die angestrebten 51 Prozent, der PCI erzielte 34,4 Prozent, die Sozialisten 9,6 Prozent. Die Christdemokraten hingegen erzielten 38,8 Prozent. Sie befanden sich wieder einmal in einer Situation, in der sie keine absolute Mehrheit hatten und auch keine stabile Koalition bilden konnten. Also stellten sie eine von der linken Opposition tolerierte Einparteienregierung. Giulio Andreotti löste Aldo Moro als Ministerpräsidenten ab.

Im Januar 1978 wurden vier Menschen Opfer der BR. In Turin ein Abteilungsleiter von FIAT, in Rom ein Justiziar der Telefongesellschaft SIP, in Mailand ein Manager von Sit-Siemens und in Genua ein ligurischer Christdemokrat. Am 16. Februar 1978 folgte in Rom der Mord an Riccardo Palma. Er war Mitglied des Kassationsgerichtshofes. Am 10. März erschossen die BR in Turin den Carabinieri-Offizier Rosario Berardi. Er war an der Verhaftung von Rotbrigadisten beteiligt gewesen.

Dann kam der 16. März 1978. Nur wenige Tage, nachdem Giulio Andreotti nach einer erneuten Regierungskrise zum vierten Mal als Ministerpräsident angetreten war, um eine Minderheitenregierung zu bilden, wurde Aldo Moro von einem Kommando der BR entführt. Der Vorsitzende der Christdemokraten galt in Italien als Integrationsfigur. Nicht nur, weil er seit über einem Jahrzehnt versuchte, die Spannungen zwischen Christdemokraten und Kommunisten abzubauen, sondern auch, weil er als Süditaliener eine Identifikationsfigur für die Menschen aus dem Mezzogiorno darstellte.

Um etwa 8.30 Uhr traf die Leibwache in Moros Haus ein. Die Eskorte, die ihn zur Abgeordnetenkammer geleiten sollte, wurde von dem Feldwebel Leonardi geführt. Einmal mehr beschwerte der sich an diesem Morgen, dass der Christdemokrat noch immer keine gepanzerte Limousine zur Verfügung gestellt bekommen hatte. Auch bemängelte er, dass die Bremsen des Fahrzeugs und das Funkgerät nicht funktionierten. Zudem bemerkte Leonardi, dass die Leibwache einen Teil der Waffen im Kofferraum eingeschlossen hatte und nicht am Körper trug. Dennoch setzte sich die Kolonne in Bewegung. Wie üblich bei der Eskorte von hochrangigen Politikern, legte die Mannschaft erst kurz vor der Abfahrt die Route fest. In der Abgeordneten-

Giulio Andreotti: Christdemokrat. Machtpolitiker. 17-mal Minister, Siebenmal Ministerpräsident. Mafiaverdacht.

kammer sollte am selben Tag Giulio Andreotti mit Unterstützung der Kommunisten zum Ministerpräsidenten gewählt werden. Moro saß allein auf der Hinterbank einer Limousine des Fabrikats FIAT 130. Ihn begleiteten sein Fahrer, der Feldwebel Leonardi und ein Carabiniere. In dem zweiten Auto, einem Alfetta, saßen zwei weitere Carabinieri. Sie bildeten die Nachhut.

»Wir versuchten, im Vorwege alles über Moro herauszukriegen«, erinnert sich Mario Moretti, der Anführer der BR-Aktion, Jahre später in einem Interview mit den Journalistinnen Rossana Rossanda und Carla Mosca. »Um wie viel Uhr verließ er das Haus, wo ging er hin, welche Wege legte er zurück, wann kam er wieder nach Hause, an welchen Wochentagen machte er dieses, an welchen jenes. Wir studierten seine Fahrstrecke, es war immer die gleiche. Es gab nur kleine mögliche Variationen und die alle zu Beginn, ab einem gewissen Punkt war es zwangsläufig dieselbe Route. Die Eskorte war immer die gleiche, zumindest die Anzahl, und auch ihre Mitglieder. Einem Mitglied unserer Gruppe war die Eskorte zufällig eines Tages aufgefallen. Die Fahrweise war ja typisch für einen eskortierten Konvoi, die hatten die Bestimmtheit derer, die es gewohnt sind, über alle Ampeln bei Rot zu fahren, man konnte sie nicht verwechseln. Es hätte auch eine andere DC-Größe treffen können. Aber Aldo Moro lief uns quasi über den Weg. Da beschlossen wir, ihn zu entführen.« Die Vorbereitungen dauerten fünf Monate.

Als der Konvoi in die Via Fani einbog, setzte sich ein FIAT 128 vor die Eskorte. Er trug ein diplomatisches Kennzeichen. Kurz hinter einer leer stehenden ehemaligen Bar, an einem Stoppschild in der Via Fani/Ecke Via Stresa, bremste der vorausfahrende FIAT. Am Steuer saß Moretti selbst. Vier Mitglieder des Kommandos waren als Stewards der Alitalia verkleidet an einer Bushaltestelle platziert, als warteten sie auf einen Kleinbus zum Flughafen. Eine weitere Rotbrigadistin hielt den Verkehr an der Kreuzung auf. Moros Auto bremste ebenfalls. Und auch der nachfolgende Alfetta. Dann ging alles rasend schnell. Bevor die Leibwächter reagieren konnten, sahen sie sich dem Kommando der BR gegenüber.

Vier Männer sterben sofort am Tatort, der fünfte erliegt drei Stunden später seinen Verletzungen. Aldo Moro überlebt die Schießerei. Als er aus dem Auto geschleppt wird, hat er von den Glassplittern der Windschutzscheibe Kratzer an seinen Handrücken. Moro wird in einen FIAT 132 geführt. Er leistet keinen Widerstand. Später wird er in einer Tiefgarage in eine Holzkiste geladen und mit einem FIAT 850 Transporter in das Versteck in der Via Montalcini 9 gebracht. Er soll der BR dazu dienen, in Haft befindliche Terroristen freizupressen.

Während an diesem Tag das Ende Aldo Moros besiegelt wurde, wählte nur wenige Kilometer entfernt das Parlament seinen neuen und alten Ministerpräsidenten Giulio Andreotti. Aldo Moro war 55 Tage in den Händen der BR. Während die Sozialisten und Teile der DC sich dafür einsetzten, mit den BR zu verhandeln, traten einflussreiche Christdemokraten dafür ein, sich nicht erpressbar zu machen. Erst am 30. März weichte die harte Front der DC auf. Führende Mitglieder wie Giulio Andreotti, Amintore Fanfani, Ciriaco De Mita und Arnaldo Forlani lehnten lange die Freilassung von Rotbrigadisten im Austausch gegen Moro ab. Nun schienen sie zumindest bereit, ein Lösegeld für ihn zu zahlen. Immer wieder erreichten Briefe Moros die Öffentlichkeit, in denen er darum bat, sich auf Verhandlungen einzulassen. Insgesamt sollten es 38 Briefe werden. Sie wurden von Teilen der Presse und des politischen Establishments als erzwungen abgetan – vor allem jene, in denen Moro PCI und DC der Tatenlosigkeit bezichtigte. 1990 tauchten verschollene Briefe Moros auf, welche die DC schwer belasteten und sie mit dem Vorwurf konfrontierte, den Tod Aldo Moros bei ihren taktischen Überlegungen um den Machterhalt einkalkuliert zu haben. Die Kommunisten um Berlinguer waren über die Jahre zum ebenbürtigen Konkurrenten gewachsen – und drohten tatsächlich die DC bei zukünftigen Wahlen zu überholen.

Auf die immer vehementeren Bitten Moros nach Verhandlungen reagierten die Parteikollegen mit zunehmendem Schweigen. »Als wären sie durch irgendetwas oder irgendwen am Handeln gehindert« – soll Moro Moretti in einem der zahlreichen Gespräche während der Haft gesagt haben.

Am 20. April forderte die BR noch einmal die Freilassung der 13 Gefangenen. Die Regierung blieb hart. Moro verzweifelte zunehmend. Am 24. April erreichte ein Brief seinen Parteifreund Benigno Zaccagnini, in dem sich Moro darüber beschwerte, dass weder von Seiten der DC noch vom PCI irgendetwas unternommen wurde, was ihm Hoffung gab. »Ist es möglich«, heißt es in dem Brief, »dass ihr euch alle darin einig seid, meinen Tod um einer mutmaßlichen Staatsräson willen hinzunehmen, die euch irgendwer in offener Missgunst meiner Person einredet, quasi als Lösung aller Probleme des Staates? Was für eine Lösung der Probleme!? Solltet ihr dieses Verbrechen begehen, wird es eine entsetzliche Eskalation eröffnen, der ihr nicht widerstehen könnt. Ihr würdet miteinbezogen werden. (...) Ich sage es klar und deutlich: Ich werde niemanden von seiner Schuld freisprechen (...) Mein Blut wird über euch kommen, über die Partei, über den Staat. Denkt gut darüber nach, werte Freunde.«

Sozialistenchef Bettino Craxi engagierte sich für Gespräche mit den BR, konnte sich aber mit seiner Forderung nicht durchsetzen. Der Papst versuchte es mit einem Appell an das menschliche Gewissen der Terroristen. Die Führung der DC beschwor derweil lediglich ihre »Treue zum Staat, zu seinen Institutionen und Gesetzen« – und blieb bei ihrer harten Linie. Die Ermittlungsbehörden tappten derweil im Dunkeln – oder taten zumindest so. Immer wieder erreichten sie Hinweise, denen sie nur halbherzig nachgingen. Am 18. April wurde in der Via Gradoli eine konspirative Wohnung der BR entdeckt und das Kommuniqué »Lago della Duchessa« gefunden. Darin stand, Moro sei hingerichtet und in einem Rom nahe gelegenen See versenkt worden. Natürlich fand die Polizei die Leiche Moros in dem See nicht. Jahre später stellte sich heraus, das Schriftstück war eine Fälschung und von einem gewissen Antonio Chicchiarelli verfasst worden. Er galt als Informant aus rechten Kreisen. 1984 kam er unter mysteriösen Umständen ums Leben.

Unklar war auch, welche Rolle die Freimaurerloge P2 im Fall Moro spielte. Der Geheimbund unterstand Licio Gelli. Dieser hatte sich bereits 1963 als Freimaurer eingeschrieben und wurde 1966 Mitglied der Loge Propaganda 2. Seit diesem Jahr warb er um die Aufnahme mächtiger Leute aus militärischen, politischen und wirtschaftlichen Kreisen, die er ab etwa 1970 anführte. Gelli galt als so genannter Puppenspieler, als einer, der aus dem Hintergrund rechtskonservative, rechtsextreme und neofaschistische Politiker, Verwaltungsbeamte, Militärs, Carabinieri, Parlamentarier und Journalisten zu einem antikommunistischen Militärputsch anstiften wollte. Seine Kontakte reichten in die ganze Welt, vor allem aber in rechte Kreise vieler Länder Südamerikas, und auch in die Vereinigten Staaten. Er galt als einer der Erfinder der *Strategia della Tensione.* Gelli wurde Jahre nach dem Fall Moro verdächtigt, der Drahtzieher der von

Aldo Moro: Häftling der Roten Brigaden. In seinen Händen hält er die Zeitung La Repubblica. *Sie vermutet, er sei bereits tot.*

Rechtsterroristen verübten Attentate auf den Italicus-Express Florenz–Rom und auf den Bahnhof von Bologna gewesen zu sein.

Nachdem die P2 verboten wurde, war Gelli 1982 in einer Genfer Bank verhaftet worden, als er große Geldmengen von einem Konto abheben wollte, auf das der Generaldirektor des Banco Ambrosiano Roberto Calvi zuvor Gerüchten zufolge 120 Millionen US-Dollar überwiesen hatte. Im August 1983 konnte Gelli unter ominösen Umständen aus dem Gefängnis fliehen. Fünf Jahre später wurde er erneut angeklagt und zu zehn Jahren Gefängnisstrafe verurteilt, die er aber nie antrat, weil er als Pfand für ein Geschäft, das Italien mit der Schweiz tätigte, benutzt wurde. Gelli hatte – so viel steht fest – zum Zeitpunkt der Entführung Moros einen großen Einfluss – nicht nur auf den Krisenstab, sondern ebenfalls auf den Polizeiapparat, der von Panne zu Panne stolperte.

Aldo Moro war indes zu einem taktischen Objekt des unüberschaubaren Spiels um Macht geworden. Es war, als existiere der Vorsitzende der Christdemokraten physisch nicht mehr. Seine Briefe, die an die Öffentlichkeit gelangten, erschienen wie Botschaften eines Mannes aus dem Jenseits. Die bürgerliche Presse stellte jedes seiner Worte in Frage. Andreotti behauptete, der Brief an Zaccagnini könne auf keinen Fall von Moro stammen. Moro und Andreotti hatten stets ein ambivalentes Verhältnis gepflegt. Sie waren ein kongeniales Politikerpaar, das die Macht der DC über Jahrzehnte zu sichern und auszuweiten verstand. Es verband sie Respekt, aber nie Freundschaft. Als Moro spürte, dass er von seinen Parteifreunden keine Hilfe erwarten konnte, nahm er in seinen Briefen kein Blatt mehr vor den Mund. Er kritisierte die Haltung der DC immer härter. Giulio Andreotti wurde dabei immer häufiger Ziel seiner Attacken.

Die Linke war nach der 55-tägigen Geiselnahme Moros und nach den gegen sie erhobenen Klagen der stillschweigenden Begünstigung des Terrorismus politisch wie gelähmt. Schon bei den Kommunalwahlen am 14. Mai, fünf Tage nach dem Auffinden von Moros Leiche, erlebte der PCI den Beginn eines Stimmenrückgangs, der erst

1980 zum Stillstand kam. Zeitgleich stieg der Stimmenanteil der DC stetig an. In diesem Klima der Verzögerungen und Halbwahrheiten, Vertuschungen und Dementis erklärten die BR in ihrem neunten und letzten Kommuniqué am 5. Mai 1978 die Aktion Aldo Moro für beendet. Im Rahmen des Notstandsplanes waren bereits Millionen von Menschen in Italien überprüft, Hausdurchsuchungen und Festnahmen durchgeführt worden. Die Rotbrigadisten ließen verlautbaren: »Auf verbaler Ebene haben wir der DC, ihrer Regierung und deren Komplizen nichts mehr mitzuteilen. Die einzige Sprache, welche die Diener des Imperialismus verstehen, ist die Sprache der Waffen. Das Proletariat ist dabei, diese Sprache zu lernen. Wir beenden deshalb den am 16. März begonnenen Kampf, indem wir das gegen Moro verhängte Urteil vollstrecken.«

Am Morgen des 9. Mai 1978 führten die Terroristen Aldo Moro aus seinem Zimmer in die Tiefgarage des Hauses. Der Politiker hatte an diesem Tag seinen Trainingsanzug abgelegt, den er während der gesamten Gefangenschaft getragen hatte, und wieder den Anzug vom Tag seiner Entführung angezogen.

Aldo Moro wurde mit elf Schüssen hingerichtet. Sein Leichnam wurde in einem roten Renault 5 verstaut und aus der Tiefgarage gefahren. Durch den belebten Morgenverkehr in Rom fuhren ihn die Rotbrigadisten in die Via Caetani. Sie verbindet die Piazza del Gesú, wo sich der Sitz der DC befand, mit der Via Botteghe Oscure. Dort hatte der PCI seine Zentrale. Zwischen beiden parkten sie den Wagen mit der Leiche Aldo Moros.

Italien erstarrte im Schock. Die Todesspirale aber drehte sich weiter. Am 24. Januar 1979 erschoss ein Kommando das PCI-Mitglied Guido Rossa in Genua, weil er einen Rotbrigadisten verraten hatte. Je länger die Blutspur der BR wurde, desto mehr entfernte sich die Gruppe vom Ursprung der Arbeiterbewegung. Im September 1979 brachten sie den FIAT-Ingenieur Carlo Chiglieno vor den Augen seiner Ehefrau und seiner zwei Kinder um. Gianni und Umberto Agnelli gaben den Befehl aus, keiner der Führungskräfte solle Haus und Firma ohne einen Pulk von Wachleuten verlassen. Die Mitglieder

der Konzernführungen fuhren nur noch in gepanzerten Limousinen umher, ihre Familien erhielten Polizeischutz. Die Führungsriege von FIAT lebte in ständiger Angst, Opfer eines Sabotageaktes, einer Entführung oder eines Mordanschlags zu werden.

1979 war die Atmosphäre innerhalb des Unternehmens von großer Unsicherheit und von Misstrauen geprägt. Die Arbeiter stellten sich viele Fragen: Wie steht es um das Unternehmen wirtschaftlich? Stimmen die Gerüchte, wonach FIAT von der Staatsholding IRI übernommen werden soll? Was bedeutet das für die Arbeitsplätze? Gibt es eigentlich das Spionagesystem bei FIAT noch? Sind Polizeispitzel unter uns? Wer ist Rotbrigadist? Wer V-Mann? Und: Wird die Anschlagswelle der BR weitere Todesopfer unter den FIAT-Managern fordern?

Auf viele Fragen hatte Gianni Agnelli keine Antworten. Auf eine aber schon: Die Gewaltakte gegen Mitarbeiter seines Konzerns wollte er auf keinen Fall länger dulden. Gemeinsam mit Umberto Agnelli und dem seit kurzem zur Führungsriege gestoßenen Ex-Finanzchef von FIAT Cesare Romiti beschloss er, in Verdacht stehende BR-Aktivisten bei FIAT zur Verantwortung zu ziehen. Cesare Romiti berichtete später über das Vorhaben: »Wir wollten dem Treiben nicht weiter zusehen, es ging ja um Leben und Tod. Wir pickten uns also diejenigen heraus, die uns am gewaltbereitesten schienen, und wollten sie kurzerhand vor die Tür setzen.«

Alle in der Führungsetage waren damit einverstanden. Alle, außer Umberto Agnelli. Er setzte sich für eine moderatere Lösung ein. Solange sich die FIAT-Bosse der Unterstützung von Regierung und Gewerkschaften nicht sicher sein konnten, riet er von solchen arbeitsrechtlich schwierigen Vorhaben ab. Immerhin standen ursprünglich 200 so genannte »Unerwünschte« auf der Liste. Am Ende beschloss der Krisenstab, 61 FIAT-Mitarbeiter zu entlassen. Nur wenige Tage vor den geplanten Entlassungen jedoch erreichte die Konzernführung eine weitere Drohung. Der FIAT-Manager Cesare Varetto wurde in einem Supermarkt niedergeschossen. Wieder trat der Führungsstab zusammen. Die Entlassungsschreiben waren bereits eingetütet, adressiert und lagen säuberlich gestapelt auf Romitis Tisch. Es kam zu heftigen Auseinandersetzungen darüber, ob man die geplanten Entlassungen durchführen sollte. Genau in diesem Moment erhielt Romiti ein Telefonat von dem Leiter des Mirafiori-Werks Ghidella, in dem er Romiti darauf hinwies, dass sich die Belegschaft auf einen gewaltigen Streik vorbereite, sollten Kollegen tatsächlich ausgesperrt werden. Alle Verdächtigen stammten aus dem Werk, dem Ghidella vorstand. Das Mirafiori-Werk beschäftigte zu diesem Zeitpunkt mehr als 60 000 Mitarbeiter. Das 30 000 Quadratmeter große Areal war umgeben von einer sieben Kilometer langen Mauer. Es glich einem Betonkäfig. Für Aufstände und Besetzungen war das Werk ideal geeignet.

»Wenn Sie die Leute raussetzen, sind wir am Anfang einer Schlacht«, fügte Ghidella hinzu, als wolle er Romiti noch ein letztes Mal warnen. »Den Weg, den wir beschreiten, müssen wir dann zu Ende gehen.« Zwischen Ghidella und Romiti kam es zu einem Wortwechsel, bei welchem dem Werksleiter am Ende nichts anderes übrig blieb, als einzulenken. Romiti sagte: »Hören sie zu, Ghidella, sie werden die Leute raussetzen, und wenn nur einer von ihnen wieder zurück durch eines der Tore in das Werk kommt, bin ich der Erste, der dann geht. Und sie kommen mit mir.« Ghidella hatte verstanden.

Die Agnellis und Romiti beschlossen, am Nachmittag des 8. Oktobers 1979 die Entlassungen auszuhändigen. Der offizielle Kündigungsgrund lautete »Unruhestiftung und Gewalt am Arbeitsplatz«. Natürlich protestierten die Gewerkschaften sofort. Der befürchtete Arbeitskampf allerdings blieb überraschenderweise aus. Die 61 Arbeiter zogen vor ein Arbeitsgericht, um die Entlassungen anzufechten. Doch niemandem von ihnen gelang es, sich wieder in die Fabrik einzuklagen. Gianni Agnelli setzte sich in dieser Sache gegen den Druck der Gewerkschaften durch. Am Ende stellte sich heraus, dass von den 61 Entlassenen bloß fünf Beziehungen zu den Terrorgruppen Brigate Rosse und Prima Linea pflegten.

Zunächst schien wieder Ruhe eingekehrt zu sein, doch schon ein Jahr später, im Herbst 1980, kam es erneut zu Auseinandersetzungen zwischen Gewerkschaften und FIAT-Führung. Es war, als ändere sich nie etwas im Leben des Gianni Agnelli: Seitdem er die Regie des Familienimperiums übernommen hatte, saß er Mal um Mal mit Regierungsvertretern und Arbeiterführern an einem Tisch, um Krisen zu bewältigen. »Das Unglück begann 1969«, resümierte Gianni Agnelli in einem Interview in der Wochenzeitung *Die Zeit* 1976. »Seitdem haben die Sozialpartner nie mehr richtig zusammengefunden. Damals fing der wirtschaftliche Niedergang Italiens an. Warum? Nicht etwa nur, weil es die Arbeitgeber und Arbeitnehmer nicht mehr verstanden, sich zu arrangieren, sondern weil die Arbeiter aus vielen anderen Gründen, die mit ihren Betrieben nichts zu tun haben, unglücklich sind. Sie missbilligen, wie sie regiert werden; sie missbilligen die lässige Art, wie hierzulande Steuern bezahlt werden; sie haben die Unfähigkeit der Bürokratie satt. Das alles laden sie auf uns ab. Wir müssen für die allgemeine Unzufriedenheit den Buckel hinhalten.«

Auch 1980 mag er das so empfunden haben, als FIAT – um die Überproduktionskrise des Unternehmens aufzufangen – einen Forderungskatalog vorlegte, den Regierung und Gewerkschaften nicht zu billigen bereit waren. FIAT wollte 15 600 Arbeitnehmer entlassen und 78 000 Beschäftigte eine Woche in die Kurzarbeit schicken, um insgesamt eine Überproduktion von 30 000 Autos abzubauen. Zehn Jahre lang hatte das Unternehmen keine Arbeiter aus wirtschaftlichen Gründen freisetzen müssen. Nun fürchteten Regierung und Gewerkschaften, die Entlassungswelle würde die Arbeiter wieder auf die Barrikaden bringen. In der gesamtgesellschaftlich empfindlichen Situation, in der sich Italien nach dem Mord an Aldo Moro befand, schien das für sie eine unzumutbare Forderung. Zudem war Agnellis Plan für einige Wirtschaftsexperten der Regierung auch betriebswirtschaftlich nur schwer nachvollziehbar. Immer wieder hatte es nämlich aus der FIAT-Spitze geheißen, das Unternehmen habe keine Liquiditätsprobleme. Zudem hatte FIAT vor nicht allzu langer Zeit ein Geschäft getätigt, das einen Haufen Geld eingebracht hatte.

Mitte der siebziger Jahre hatte Agnelli einen Geldgeber ins FIAT-Boot geholt, den nicht nur Italien, sondern alle westlichen Demokratien als Inbegriff des Teufels ansahen: Bei seiner Suche nach einem finanzstarken Investor war Gianni Agnelli ausgerechnet auf Oberst Muhammad Gaddhafi gestoßen. Der libysche Revolutionsführer stand im Verdacht, Terrororganisationen zu unterstützen, darunter auch die Roten Brigaden in Italien. Zudem hatte er mit verschiedenen Maßnahmen die nationalen Gemüter in Italien erregt. Libyen war in der ersten Hälfte des 20. Jahrhunderts und zuletzt unter Mussolini ein beliebtes Ziel italienischer Kolonialpolitik gewesen – vor allem wegen der Erdölvorkommen. Nachdem Gaddhafi 1969 die Macht ergriffen hatte, wies er alle Italiener aus dem Land aus. Als symbolischen Akt ließ er zudem die Gräber bekannter italienischer Kolonialisten ausgraben und nach Italien verschiffen. Er beschlagnahmte Besitztümer von 20 000 italienischen Siedlern und nahm sie als eine Art »Kriegsentschädigung« für die Zeit der italienischen Besatzung vor und nach dem Ersten Weltkrieg. Die Agnellis hatten seit Giovanni I. über alle ideologischen, politischen und geografischen Grenzen hinweg Geschäfte gemacht – mit italienischen Faschisten und russischen Kommunisten, mit Deutschen, Franzosen und Amerikanern. Nun aber wagte sich Agnelli an jemanden, der Italien außenpolitisch in Erklärungsnotstand brachte. Oberst Gaddhafi wurde am 1. Dezember 1976 während einer Pressekonferenz als neuer Großaktionär von FIAT präsentiert. Das Geschäft spülte 415 Millionen Dollar in die Kassen des kränkelnden Unternehmens. Im Gegenzug wurde Libyen mit 9,09 Prozent an FIAT beteiligt und bekam die Möglichkeit, in den Jahren zwischen 1978 und 1982 seine Anteile auf 13 Prozent zu erhöhen; es erhielt zwei von fünfzehn Sitzen im Verwaltungsrat und einen von fünf im Exekutivausschuss des Konzerns.

Was Agnelli als Coup feierte, warf vor allem bei den Amerikanern die Frage auf, wie zuverlässig der italienische NATO-Partner wirklich war, wenn er es zuließ, dass ausgerechnet das größte Unternehmen sich eine solch zwielichtige Figur ins Haus holte – jemanden, der bei anderen Versuchen, sich in europäische Großunternehmen einzukaufen, immer abgewiesen worden war. Die Nachricht über das Geschäft Agnellis mit dem libyschen Diktator sorgte in den Wirtschafts- und Politzentren der Welt für Aufregung. Jeder wusste, FIAT, wie alle Autohersteller, war durch den Ölpreis, der sich in den letzten Jahren vervierfacht hatte, unter Druck geraten. Warum aber ließ sich Agnelli ausgerechnet auf Gaddhafi ein?

Die internationale Presse überschlug sich mit Spekulationen. Von Waffengeschäften war die Rede. Italien war in der Vergangenheit immer wieder in den Verdacht geraten, bei Verhandlungen mit den USA eine Genehmigung erhalten zu wollen, um Kriegsmaterial an Libyen liefern zu dürfen. Andere Berichte konstruierten einen Deal zwischen Agnelli, Gaddhafi und der Sowjetunion. Diese Variante wurde durch das *Wall Street Journal* im September 1976 genährt. Darin beschrieb das Blatt ein Dreiecksgeschäft, in dem Agnelli den Russen eine Maschinenfabrik bauen sollte, welche die Sowjets nicht in harter Währung zahlen wollten, aber dafür Gaddhafi mit Waffen ausrüsteten, wenn der wiederum FIAT mit einer Finanzspritze unter die Arme griff. Diese Version kam auf, weil das Gerücht kursierte, Agnelli habe sich in geheimer Mission mit dem Oberst in Moskau getroffen. Die FIAT-Spitze dementierte sofort. Später gestand Agnelli, tatsächlich in Moskau gewesen zu sein – angeblich nur, um Gaddhafi zu einem privaten Gespräch zu treffen. Moskau habe er als Treffpunkt ausgewählt, weil FIAT traditionsgemäß gute Kontakte dorthin habe und er hoffte, ein Treffen in der russischen Hauptstadt würde keinen so großen Wirbel verursachen wie eine Begegnung in Italien.

Auch der Chefredakteur der Tageszeitung *La Stampa*, die zum Agnelli-Imperium gehört, Arrigo Levi, äußerte in einem Kommentar seine Bedenken zum Handel: »Die Abmachung mit Libyen ist ein brillantes Geschäft für FIAT. Doch sie hat einen Fehler, der seine Schatten über die Transaktion wirft: Libyen ist nicht etwa ein anderes Unternehmen, sondern ein Staat, der in vielen Teilen der Welt zu den unverantwortlichsten in unserer unverantwortlichen Epoche gerechnet wird.« Levi selbst war Jude. Und Gaddhafi Antisemit. Noch ein halbes Jahr vor der umstrittenen Transaktion hatte der Oberst damit gedroht, die diplomatischen Beziehungen zu Italien abzubrechen, weil in Levis Zeitung eine Satire über ihn gedruckt worden war. Gaddhafi hatte gefordert, Levi zu entlassen. Agnelli aber sah keine Veranlassung dazu. »Die Freiheit der Redaktion wird nicht angetastet«, erklärte er damals. Und damit war die Sache für ihn erledigt.

Nicht erledigt war die Angelegenheit hingegen für die Amerikaner. Ende März des Jahres 1980 kam es in der Großen Syrte zu einer militärischen Auseinandersetzung zwischen den USA und Libyen. Neapel war als NATO-Stützpunkt Ausgangsbasis für die US-amerikanischen Streitkräfte. Die Ereignisse spitzten sich zu, als Gaddhafi den Abschuss zweier Mittelstreckenraketen in Richtung Neapel befahl und die Geschosse bei der Insel Lampedusa einschlugen. Niemand kam zu Schaden, aber die Beziehungen zwischen Italien und Libyen verschlechterten sich weiter.

Als Mitte Januar 1986 ein blutiger Anschlag auf den römischen Flughafen Fiumicino verübt wurde, geriet Gaddhafi in den Verdacht, Drahtzieher der Aktion gewesen zu sein. In einer Reihe von Geheimkonsultationen zwischen den USA und Italien wurden die Beziehungen zwischen den Agnellis und dem libyschen Revolutionsführer erneut durchleuchtet. US-Präsident Ronald Reagan hatte Sanktionen über Libyen verhängt, die durch die Geschäfte der Familie mit Libyen ausgehebelt zu werden drohten. Der amerikanische Zorn auf Libyen brachte FIAT in eine zunehmend unangenehme Lage. Erst vor kurzem hatte das Pentagon mit der Fiatallis, einer amerikanischen Tochter von FIAT, einen Vertrag über die Lieferung von Bulldozern unterzeichnet. Der Gewinn aus diesem Geschäft floss somit indirekt auch Oberst Gaddhafi zu, dem FIAT-Teilhaber und Erzfeind der USA.

Im Frühjahr 1986, zehn Jahre nach Vertragsabschluss, tauchten Gerüchte auf, wonach FIAT versuche, Oberst Gaddhafi aus der Beteiligung auszuzahlen. Auch Cesare Romiti, seit 1980 alleiniger Geschäftsführer und rechte Hand Gianni Agnellis, erkannte, dass diese Geschäftbeziehung äußerst brisant war. Libyen aber machte keine Anstalten, sein Aktienpaket wieder loswerden zu wollen. Hinter den Kulissen begann ein fieberhaftes Spiel der Geheimdiplomaten. Sie sollten ein Konzept schnüren, bei dem alle Beteiligten sauber aus der

Sache herauskommen konnten. Die Libyer und die Amerikaner taten dies, keine Frage. FIAT nicht. Der Druck der Amerikaner auf die FIAT-Spitze zwang das Unternehmen, das Aktienpaket zu einem hohen Preis abzugeben. Hatte FIAT bei Vertragsabschluss 415 Millionen Dollar eingenommen, musste das Unternehmen nun 3,1 Milliarden Dollar aufbringen, um das Paket zurückzukaufen.

Im Herbst 1980 saß Gianni Agnelli also einmal mehr mit Gewerkschaftsvertretern und Abgesandten der Regierung an einem Tisch, um die Überproduktionskrise zu überwinden. FIAT hatte jenen Forderungskatalog formuliert, der für Gewerkschaften und Regierung indiskutabel war. Zudem forderte die FIAT-Führung eine Abwertung der Lira. Diese, so die Prognose des Unternehmens, würde die Exporte ankurbeln und dem exportabhängigen Unternehmen wieder auf die Beine helfen. Davon aber wollte die Regierung ebenfalls nichts wissen. Sie war der Meinung, eine Devaluation der Währung würde die Inflation weiter ankurbeln, die ohnehin schon bei 20 Prozent lag. Doch nicht nur die Regierung wollte bei FIATs Spiel nicht mitmachen, auch Gewerkschaften und PCI rasselten mit den Säbeln. Sie drohten mit Arbeitskampf.

Die Lage in Italien war erneut kurz vor dem Siedepunkt. Erst am 2. August waren durch ein Bombenattentat auf den linken Flügel des Hauptbahnhofs von Bologna 85 Menschen getötet und über 200 verletzt worden. Es war das folgenschwerste Attentat der italienischen Nachkriegsgeschichte und auch hier, wie in den Jahren zuvor, wurden Verdächtige aus neofaschistischen Kreisen verhaftet und später aus Mangel an Beweisen wieder freigelassen. Zu dem Kreis der Verdächtigten gehörte auch Licio Gelli, der gerissene Meister der Loge P2. Die Ermittlungen gegen ihn verliefen wie so häufig im Sande. Heute erinnert eine Tafel an der Fassade des Bahnhofs an die »Opfer des faschistischen Terrorismus«. Täter aber wurden nie zur Verantwortung gezogen.

Es verging kein Monat, in dem nicht irgendein Vorfall drohte, die wackelige innenpolitische Situation zum Kippen zu bringen. An der Arbeitsfront loderte es ebenfalls. FIAT machte keine Anstalten, von seinem Forderungskatalog abzukommen, selbst nicht, als die Regierung eine Überbrückungshilfe von 1 000 Milliarden Lire versprach. Die Finanzspritze war an eine Bedingung geknüpft: FIAT sollte im Gegenzug von den Entlassungen absehen und der Regierung Bilanzen und Produktionspläne vorlegen. Agnelli lehnte ab. Für die Gewerkschaften war dies das Signal, ihre Gefolgschaft zu mobilisieren. Die »Schlacht um Mirafiori« begann.

Das Spitzentrio – der Präsident Gianni, der Vize Umberto und der Geschäftsführer Romiti – befand sich wieder in einer verzwickten Lage. Der Anteil von FIAT am Weltmarkt der Kraftfahrzeughersteller war von 6,5 auf 5,5 Prozent gesunken, der Schuldenberg auf 8 500 Milliarden Lire angewachsen. FIAT musste handeln, wollte es wettbewerbsfähig bleiben. Am 11. September entschied das Trio: 23 000 Beschäftigte wurden in die Kurzarbeit geschickt, weitere 15 600 Kollegen sollten entlassen werden. Das Verfahren, das die Entlassungen einleitete, wurde von FIAT auf den Weg gebracht.

Bei der Belegschaft sprach sich die Nachricht schnell herum. Sofort trat sie zum Massenstreik an. Er sollte das Mirafiori-Werk für 55 Tage lähmen. Aus Solidarität mit den Kollegen traten am 25. September auch die Metallarbeiter Turins in den Streik. Als sich bei öffentlichen Kundgebungen zusätzlich PCI-Generalsekretär Enrico Berlinguer auf die Seite der Arbeiter schlug, drohte sich die Besetzung des Mirafiori-Werks zu einem Generalstreik auszuweiten. Der sozialistische Ministerpräsident Francesco Cossiga war überhaupt nicht erbaut von der Situation, die in seinen Augen die Agnelli-Brüder zu verantworten hatten. Der Arbeitskampf um Mirafiori hatte die Regierung wieder einmal in eine der seit 1945 unzähligen Krisen gestürzt. Cossiga befand sich gerade in Portugal. Kurz entschlossen griff er zum Telefon und rief in der FIAT-Zentrale an, um zu intervenieren. Geholfen hat das nicht. Schon am 27. September trat Cossiga zurück.

Erst als am 10. Oktober die Einheitsgewerkschaften zum Generalstreik aufriefen, beugte sich die FIAT-Führung den Forderungen der Syndikate zum Teil und sah von den bevorstehenden Entlassungen ab. An der geplanten Kurzarbeit wollte sie hingegen festhalten. Den

Gewerkschaften war das zu wenig. Die neue Regierung Arnaldo Forlani war eilends darum bemüht, Gewerkschaften und Unternehmen zu einer für beide Seiten gütigen Einigung zu bewegen. Die Fronten verhärteten sich. Doch plötzlich passierte etwas, was Gianni Agnelli später dazu verleiten sollte, zu sagen, es sei das erste Mal gewesen in seiner Zeit als FIAT-Präsident, dass er so etwas wie Genugtuung gegenüber den Gewerkschaften gespürt habe.

In den Nächten des 7. und 8. Oktobers befanden sich die Streikenden auf dem Werksgelände von FIAT. An den Mauern und Toren des Werkes hingen Transparente mit Kampfparolen und Poster mit den Konterfeis von Marx, Che Guevara, Ho Chi Minh und daneben die von Togliatti und Gramsci. Innerhalb der Werksmauern wärmten sich die Streikposten an offenen Feuern die Hände, während außerhalb des Werks FIAT-Manager, Parteifunktionäre und Arbeiterführer in ihren Büros versuchten, einen Frieden auszuhandeln.

Am Morgen des 14. Oktober kam es im Turiner Teatro Nuovo zu einer Belegschaftsversammlung, die von einem bis zu diesem Tag nie in Erscheinung getretenen Mitarbeiter einberufen wurde. Sein Name war Luigi Arisio. Er war seit 1940 bei den LANCIA-Werken tätig und nach der Übernahme des Autokonstrukteurs durch FIAT im Laufe der Jahrzehnte zum Abteilungsleiter aufgestiegen. Als Aktivist war er nie in Erscheinung getreten. Doch diesmal organisierte Arisio etwas bis dahin nie da Gewesenes: eine von den Gewerkschaften unabhängige Demonstration der Arbeitswilligen – ein Protest von Mitarbeitern, der sich gegen die Streikenden richtete. Etwa 4 000 Demonstranten wurden für diese Kundgebung erwartet, tatsächlich aber kamen 40 000, die schweigend durch die Straßen von Turin zogen, um für ihr Recht auf Arbeit zu protestieren. Keine Fahnen, keine Debatten, nur zwei Slogans bestimmten die Kundgebung: »Arbeit verteidigt man arbeitend« und »Wir haben ein Recht auf Arbeit«. Wer auch immer hinter dieser Aktion steckte, es war ein geschickter Schachzug. Sie nahm den Gewerkschaften den Wind aus den Segeln.

Einen Tag nach der spektakulären Demonstration saßen Romiti

und die Gewerkschaftsführer Luciano Lama, Pierre Carniti und Giorgio Benvenuto im Hotel Boston in Rom an einem Tisch. Es war Mitternacht, und Romiti fragte: »Also gut, was machen wir nun?« Lama sprach im Namen seiner Begleiter: »Wir haben Flugtickets für Turin in der Tasche. Wir werden morgen früh dorthin fliegen und der Belegschaft mitteilen, der Streik ist beendet.« Sie unterschrieben einen Vertrag, in dem die Gewerkschafter anstandslos die Kurzarbeit der letzten Wochen akzeptierten und FIAT das Recht zugestanden, bis Ende Juni 1981 über 20 000 Mitarbeiter zu suspendieren. Deren Bezüge sollten darüber hinaus nicht von FIAT, sondern von der Lohnausgleichkasse des Staates bezahlt werden. Später sollten dann einige Tausend Arbeiter wieder eingestellt werden. FIAT hoffte so, mittelfristig etwa 10 000 bis 12 000 Mitarbeiter einsparen zu können.

In einem Interview mit der Tageszeitung *La Repubblica* berichtete der Generalsekretär der Gewerkschaft UIL Pierre Carniti acht Jahre später, wie es zum Waterloo der Gewerkschaften in dieser Sache kommen konnte: »Innenminister Rognoni ließ uns wissen, die Lage im Mirafiori-Werk wäre nicht mehr lange unter Kontrolle zu halten. Für den nächsten Tag war der Befehl gegeben worden, die Streikposten durch Ordnungshüter entfernen zu lassen. Die Situation drohte uns also zu entgleiten. Unter diesen Umständen konnten wir die Verantwortung nicht mehr tragen. Wir unterzeichneten das einzige Abkommen, das uns möglich war.« Nach dem für ihn gelungenen Abschluss bedankte sich Gianni Agnelli bei Luigi Arisio. Er sei unbezahlbar gewesen, ließ er ihn wissen.

In den nächsten Jahren sollte sich das Abkommen hinsichtlich der Rationalisierungsvorhaben von FIAT positiv auswirken. Arbeiteten 1980 noch 134 621 Mitarbeiter für die FIAT Auto S.p.A. (davon 110 049 Arbeiter und 24 572 Angestellte), sank die Gesamtmitarbeiterzahl bis 1983 auf 98 169 und bis 1996 auf 77 910 (davon 60 183 Arbeiter und 17 627 Angestellte). FIAT Auto S.p.A. wurde 1979 gegründet und vereint die zur Familienholding gehörenden Autohersteller Fiat, Lancia, Autobianchi, Abarth und Ferrari. Die Sanierungsbemühungen der Agnelli-Brüder trugen Früchte. Das Geschäftsjahr 1983 sollte FIAT erstmals wieder nach langer Zeit einen Nettogewinn von 55 bis 65 Milliarden Lire einbringen. Ein Jahr später sollte der Konzern das Kapital von 337,5 auf 2 025 Milliarden Lire aufstocken und sich damit die Mittel für große Investitionen sichern.

5. La famiglia – Keimzelle des italienischen Kapitalismus

Kritiker, die Gianni Agnelli lange Zeit für einen großen Hedonisten und für einen miesen Unternehmer hielten, strafte der FIAT-Boss in den achtziger Jahren Lügen. Plötzlich bezeichneten ihn dieselben Leute als einen großen Visionär, einen Staatsmann, den ungekrönten König Italiens. Ein großer Vater aber wurde er nie.

Der Schatten seines alten Herrn drängte den jungen Edoardo Agnelli, den einzigen Sohn der Familie, zunehmend in die Enge. Er kämpfte darum, als eigenständige Persönlichkeit respektiert zu werden und ein Leben zu leben, das er sein Eigen nennen könnte. Es war, als folge er einer zum Scheitern verurteilten Mission. Dabei begann Edoardos Leben standesgemäß. 1952 wurde er in New York geboren. Seine Eltern besaßen ein luxuriöses Appartement in der Park Avenue. Seine Kindheit verlief normal, soweit das für einen Agnelli überhaupt möglich ist. Geld stand im Überfluss zur Verfügung, Mutterwärme auch – bloß der Vater fehlte ab und an.

Seine Eltern hatten für Edoardo eine traditionelle Ausbildung ausgewählt. Er besuchte eine der besten Schulen Turins. Dort machte er Abitur, wurde dann auf das Atlantic College nach England geschickt und später wieder nach New York auf die Princeton University. Hier, im Herzen des westlichen Kapitalismus, sollte er auf seine zukünftigen Aufgaben vorbereitet werden. Eines Tages sollte er in der vierten Unternehmergeneration die Familiengeschäfte weiterführen. Er studierte Geschichte und Philosophie. Die Wirtschaftwissenschaften streifte er, aber nur, weil er sich als Agnelli dazu verpflichtet fühlte. An den Lehren des Wirtschaftstheoretikers Keynes interessierten ihn

Sohn Edoardo, Vater Gianni mit Trainer Trapattoni: Fußball ist ihr Leben. Und ihr Geschäft. Die Agnellis sind Eigentümer von Juventus Turin.

bloß die Gedanken des Philosophen Kant. Anstatt sich mit der Materie Geld zu beschäftigen, befasste er sich lieber mit der Materie Mensch. An der pulsierenden Megastadt liebte er die Ansammlung kultureller Energien. Hier konnte auch er sein, wer, wie und was er wollte. Er durfte abtauchen und Dingen nachgehen, die ihm nicht von seiner Familie auferlegt wurden: Er war getrieben von der Frage, was die Welt im Innersten zusammenhält.

Zu einem Intermezzo kehrte er nach Italien zurück. In Triest widmete sich Edoardo den astrologischen Wissenschaften. Dann absolvierte er ein Praktikum bei der staatlichen Holdinggesellschaft IFI, um später wieder nach New York zurückzukehren, wo er unter den Fittichen des neapolitanischen Bankiers Mario D'Urso, einem guten Freund seines Vaters, in der Bank der Lehman Brothers arbeitete. Die Pläne, die seine Familie für Edoardo schmiedete, schienen auf dem

Weg der Erfüllung zu sein. Nach seinen eigenen aber fragte wohl keiner. Da man seinem Vater nicht einfach so in den Rücken fällt, hatte Edoardo lange Zeit kein Aufheben gemacht um jenes, was er für seine wahre Bestimmung hielt. Im Laufe der Jahre widmete er sich jedoch zunehmend spirituellen Themen: Er studierte die ostasiatischen Philosophien und Religionen. Später sollte er sich dem Franziskanerorden anschließen.

Für die Öffentlichkeit und die Medien wurde Edoardo zunehmend zu einem unbekannten Faktor im Familiendiagramm. Weil sie sein Wesen nicht wirklich verstand, beschrieb die Presse Edoardo immer wieder als »unsteten Charakter«. In Wirklichkeit aber war Edoardo ein hoch sensibler Mensch, der die ausgetretenen Pfade seiner Ahnen mied und deswegen in der Öffentlichkeit als labil galt. Das Scheitern auf diesem Weg gehörte ebenso zu seinem Lebensprogramm wie für andere Mitglieder der Familie der Erfolg.

Rückblickend könnte man Edoardo als ein Kind der 68er-Generation bezeichnen. Deren Ziel war es vor allem, zwei Dinge abzuschaffen: den Materialismus und die Konventionen der Familie. Nur hatte niemand das rebellische Potenzial Edoardos erkannt – obwohl seine New Yorker Freunde ihn gern »Crazy Eddie« nannten. Vielleicht, weil an ihm so gar nichts zusammenpassen wollte. Er trug Kaschmiranzüge, Seidenkrawatten, Manschettenknöpfe, edle Uhren und teure Lederschuhe. Sein luxuriöses Äußeres schien seinem geistigen Inneren zu widersprechen, denn gleichzeitig war er Atomkraftgegner, Pazifist und Spiritualist. Immer wieder ließ er unter Freunden durchblicken, dass er die Maximierungsmentalität der Kapitalisten für das wahre Übel der Welt hielt.

Während sein Vater in jungen Jahren schnelle Autos und schöne Frauen liebte, schätzte Edoardo die Einsamkeit und die Stille. Er war kein Partylöwe, er war ein Einzelgänger. Auch am 27. Oktober 1986 hatte er sich inkognito unter die Gläubigen gemischt, die sich anlässlich des Treffens der Weltreligionen auf dem Petersplatz in Rom versammelt hatten. Die Journalisten Dante Matelli (*L'Espresso*) und Pino Buongiorno (*Panorama*) entdeckten ihn zufällig in der Masse von Pilgern. Sie kamen ins Gespräch und entlockten ihm jenes legendäre Interview, das nicht nur Italien plötzlich aufhorchen ließ. »Ich will mich klar ausdrücken«, sagte Edoardo: »Macht die Menschheit so weiter wie bisher, bringen wir unseren Planeten in eine teuflische Situation: Ich bin gegen die zivile Nutzung von Kernenergie. Sie bedroht die Menschheit. Auch ist es meiner Meinung nach utopisch zu glauben, der Kapitalismus brächte bis in alle Ewigkeit Fortschritt und Wohlstand für alle. Er ist eine historische Etappe, die irgendwann ihr Ende finden wird, wie früher oder später alles in der Geschichte. Was meinen Vater angeht, so ist er ein Mensch, der in der Welt der Wirtschaft und Politik seine Stärken hat. Jene Welt aber raubt ihm die Zeit, intellektuelle Horizonte zu entdecken, die ich hingegen kenne und er nicht einmal zu träumen wagt. Manchmal kreuzen wir deshalb unsere Hörner. Und nicht selten lande ich bei ihm die Treffer.«

Das Interview sorgte nicht nur in der Öffentlichkeit für Aufsehen. Auch die Familie Agnelli war danach deutlich verschnupft, vor allem wegen einer Passage, in der Edoardo seinen Vater daran erinnerte, die Erbfolge bitte »korrekt« abzuwickeln. Zu diesem Zeitpunkt musste Edoardo bereits gespürt haben, dass sein alter Herr – was die Familiengeschäfte anging – in Zukunft nicht mit ihm rechnete. Vier Jahre nach dem in der Presse ausgeschlachteten Interview wurde Edoardo während einer seiner zahlreichen Reisen in Malindi in Kenia verhaftet, weil er im Besitz von 300 Gramm Heroin war. Nach endlosen Verhandlungen mit den dortigen Behörden war es ausgerechnet Cousin Giovanni Alberto, der Edoardo in Afrika abholte und nach Turin brachte. Zu Hause angekommen, wurde er von seinem Vater endgültig aus dem Kreis der Entscheidungsträger der Familie aussortiert.

Wie die meisten in der Familie verfolgte Edoardos Schwester das Leben ihres Bruders mit Anteilnahme. Doch während Edoardos Wesen viele Verwandte befremdete, erschien Margherita das Gebaren des Bruders nicht ganz fremd. Sie selbst hatte immer wieder alles dazu getan, um sich von ihrer Familie abzugrenzen. Margherita kleidete sich gern wie ein Hippie, um den Standesdünkel, den sie an sich selbst bemerkte, abzulegen. Ihrem Vater gegenüber legte sie eine rebellische Pose an den Tag. Angeblich soll das ihrem Vater Respekt abverlangt haben.

Um sich wohl schnell aus dem Kreis der Familie zu befreien, heiratete Margherita früh. 1975 ehelichte sie den französischen Journalisten Alain Elkann. Die Trauungszeremonie fand in Villar Perosa statt. Standesbeamter war ihr Vater – in seiner Funktion als Bürgermeister. Mit ihrem Mann hat sie zwei Söhne, John Philip und Lapo, sowie eine Tochter, Ginevra. Schon bald aber ließ sie sich von Elkann scheiden. In ihrer zweiten Ehe heiratete Margherita Serge de Pahlen, und sie bekamen noch einmal vier Kinder, Pietro, Maria, Anna und Sofia.

Glaubt man den Worten ihrer Mutter Marella Caracciolo, mögen Edoardo und Margherita Gianni Agnelli nicht als besonders guten Vater empfunden haben. In einem Interview mit dem Biografen Enzo Biagi wurde sie nach den Qualitäten ihres Ehemannes gefragt: »Gianni redet nicht gern viel, doch wenn er es tut, beginnt ein Traum, sobald er den Mund öffnet. Er hatte immer einen Sinn fürs Schöne. Dafür habe ich ihn immer geliebt. Gleichzeitig aber hat er auch einen Hang zum Zynismus. Ich glaube, der war wie eine Schutzfunktion für ihn. Mittlerweile ist er offener geworden für die Probleme anderer. Ich denke aber, die Kinder haben unter seiner gleichgültig scheinenden Fassade gelitten.«

Giovannino war aus ganz anderem Holz als Edoardo. Der Sohn von Umberto Agnelli und Antonella Bechi Piaggio wurde am 19. April 1964 geboren. Seine Mutter war die spätere Herzogin Visconti di Modrono. Sie stammte aus der Industriellenfamilie, die der Welt ein Symbol italienischer Lebensart bescherte, den Vesparoller.

Giovannino besuchte die höhere Schule an der amerikanischen Militärakademie McCallie, Chattanooga (Tennessee) und studierte dann Wirtschaftswissenschaften und Internationale Beziehungen an der Brown University in Providence, Rhode Island. Seine Diplomarbeit befasste sich mit den Unterschieden der Außenpolitik Italiens und Europas gegenüber jener des Nahen Ostens. Als Student lebte er in einer Wohngemeinschaft mit dem Musiker David Byrne von der Rockgruppe Talking Heads. Seinen Militärdienst leistete Giovannino als Fallschirmjäger bei der Elitetruppe der Carabinieri.

Erste Berufserfahrung sammelte der Agnelli-Sprössling bei verschiedenen Praktika im FIAT-Unternehmen. Eines von vielen absolviert er als Dreher in der Roboterfirma Comau. Wochenlang trat er dort morgens um sieben Uhr seinen Dienst an, wie die anderen Kollegen auch. Er stand an den gleichen Werkbänken, aß seine Stulle auf den gleichen Pausenstühlen und wusch sich unter den gleichen Duschen wie alle, ohne dass seine Kollegen gewusst hätten, dass Giovannino ein Agnelli ist. Er hatte sich inkognito in ihre Reihen geschlichen, um eine Sonderbehandlung zu vermeiden.

Giovannino galt als höflich und zurückhaltend und war zudem mit einem gesunden Selbstbewusstsein ausgestattet. Selbstzweifel, wie jene von Edoardo, kannte er nicht. Alles, was er tat, tat er mit einer positiven Einstellung. Deshalb gelang ihm vielleicht auch so vieles. 1987 wurde er offizieller Mitarbeiter im Management der Motorradfirma Piaggio. Ab diesem Moment ging es rasend in seiner Karriere voran. 1988: Vizepräsident der Piaggio & C. S.p.A. 1989: Vizepräsident der Piaggio Veicoli Europei S.p.A. und Direktor für Internationalisierung. 1990: Vizepräsident der Holding Piaggio & C. S.p.A. und Direktor für Planung und Entwicklung. 1991: Geschäftsführer der Motovespa. 1993: Präsident der Piaggio Veicoli Europei S.p.A., auf die rund drei Viertel des Konzernumsatzes der Zweiradgruppe entfallen.

Im Gegensatz zu anderen Mitgliedern der Familie machte Giovannino weder durch Partyeskapaden noch durch Frauengeschichten von sich reden. Lieber betrieb er Sport. Als Golfer errang er zwei italienische Meistertitel. Giovannino war das, was man gemeinhin als Glückskind bezeichnet: Er war jung, intelligent, erfolgreich und gut aussehend, was die amerikanische Zeitschrift *Vogue* dazu brachte, ihn zum »begehrtesten Junggesellen Europas« zu küren. Und auch Gianni Agnelli war nicht entgangen, dass dort jemand heranwuchs,

Giovanni Alberto, genannt Giovannino: Umbertos Sohn wurde von Gianni seinem eigenen Sohn als Erbe des Imperiums vorgezogen.

der – ganz nach seinem Geschmack – zu den »Besten« gehörte, die die Familie in ihrer langen Geschichte hervorgebracht hatte.

Giovannino aber hielt nicht viel von den Vorschusslorbeeren. Interviews bereiteten ihm Unbehagen. Seine Augen wichen direkten Blicken aus. »Was mich am meisten ärgert«, sagte er dem *Spiegel*, »wenn man mir Qualitäten andichtet, die ich gar nicht habe oder die ich noch gar nicht zeigen konnte.« Durch Kommentare wie diese versuchte er sich den Druck von den Schultern zu nehmen, den andere ihm aufbürdeten. Denn nach seinen ersten Erfolgen als Unternehmer wurde er bereits von der Presse als Kandidat für den FIAT-Präsidentenposten gehandelt. Eine kurz zuvor eingeführte Altersgrenze für Posten in der Konzernführung von FIAT hatte die Spekulationen darüber angeheizt, wann Gianni Agnelli seinen Hut nehmen würde.

Edoardo indes geriet immer mehr in den Hintergrund der Berichterstattung und auch aus dem Fokus der Aufmerksamkeit seines Vaters. Bei der Postenvergabe in den familieneigenen Firmen spielte er Anfang der neunziger Jahre schon keine Rolle mehr.

Nicht nur Giovanninos Ausstrahlung, auch seine Visionen und nicht zuletzt die Zahlen sprachen eine deutliche Sprache für ihn. Er organisierte in kurzer Zeit erfolgreich das Unternehmen Piaggio um. Hierarchien wurden geebnet, Mitarbeiter in kleine Teams gruppiert und mit hoher Verantwortung ausgestattet. Fantasieren zum Wohle des Unternehmens war plötzlich erlaubt, denn die Fantasie – das war Giovanninos Credo – ist die Quelle aller Innovation. »Mir geht es darum, dass diejenigen, die produzieren, selbst über ihre Arbeit entscheiden«, sagte Giovannino, um sein Prinzip zu erklären.

Nicht nur mit seinem offenen Führungsstil überraschte Giovannino die FIAT-Führungsriege. Darüber hinaus sagte er häufig Dinge, die den alten Herrn in den Chefetagen den Atem raubten: »Das Auto«, erklärte er in einem anderen Interview, »ist nicht mehr das geeignete Fortbewegungsmittel in allen Ländern der Welt. Es schafft Verkehrprobleme, verpestet die Umwelt, verbraucht Treibstoff und Platz – das kann nicht die Zukunft sein.« Äußerungen wie diese hätten Edoardo in Teufels Küche gebracht. Giovannino dagegen nahm sie niemand krumm.

Sein Stern begann zu steigen, während Edoardos nie recht angefangen hatte zu leuchten. FIAT trat derweil in eine der erfolgreichsten Phasen der Unternehmensgeschichte. Beispielhaft dafür stand ein Fahrzeug, das 1984 der internationalen Presse in Cape Canaveral, Florida, präsentiert wurde. Der Konstrukteur Vittorio Ghidella hatte ein Auto entwickelt, das bis heute das meistproduzierte Modell in der Geschichte von FIAT ist, den FIAT Uno.

Das als »Auto des Jahres« ausgezeichnete Modell wurde komplett von den vollautomatischen Robotern der FIAT-Autostraße gebaut. Er war die italienische Antwort auf den deutschen VW Golf und bereitete dem deutschen Konkurrenten aus Wolfsburg auch erheblichen Kummer. Schon im Jahr seiner Markteinführung wurden davon

784 000 Exemplare verkauft, ein Jahr später überschritt der Absatz die Millionengrenze, 1986 wurden zwei Millionen Stück an den Mann gebracht. Innerhalb kurzer Zeit ließ der Uno Konkurrenzprodukte wie den Renault 5, Peugeot 205, Citröen Visa, Ford Fiesta und Daihatsu Charade hinter sich. In der Chefetage von FIAT knallten die Champagnerkorken. Der Uno stand symbolisch für einen Wendepunkt in der Geschichte von FIAT. Noch 1980 hatte das Unternehmen erhebliche Verluste geschrieben. Dann aber stieg die Erfolgskurve steil an: Der Bruttoüberschuss betrug 1981 noch bescheidene 187 Mrd. Lire und stieg dann 1982 auf 261 Mrd. Lire an, 1983 auf 376 Mrd., 1984 auf 870 Mrd. und auf 1 682 Mrd. Lire im Jahr 1985. 1988 wurde der Bruttoüberschuss sogar mit 3 820 Mrd. Lire angegeben (2,6 Mrd. Euro). Insgesamt wurden 2 229 000 Fahrzeuge abgesetzt. 1989 kam dann der Höhepunkt: FIAT verzeichnete einen Rekordgewinn von 3,4 Mrd. Euro. Der Marktanteil in Europa war auf 15 Prozent gestiegen, allein in Italien lag er bei unglaublichen 57,8 Prozent. Weit über die Hälfte aller in Italien abgesetzten Autos stammten aus dem Hause FIAT.

Eine solch monopolähnliche Stellung auf dem italienischen Markt hatte FIAT zuletzt durch den Kauf des Traditionsunternehmens Alfa Romeo erreicht. Nachdem FIAT 1969 den angeschlagenen Konkurrenten Lancia übernommen hatte, machte die familieneigene Holding lange Zeit keine Anstalten, weitere nationale Beteiligungen auf dem Automobilmarkt anzustreben. Die schlechte Finanzlage des Hauses erlaubte dies nicht. Ein Kauf des maroden Unternehmens Alfa Romeo versprach mehr Ärger als Gewinne. Nichts sprach also dafür, Geld auszugeben, das man nicht hatte, für etwas, das man nicht wollte.

Die Geschichte des legendären Autoherstellers aus Mailand war von jeher die Geschichte einer ständigen Krise: Alfa Romeo wurde 1909 von dem neapolitanischen Ingenieur Nicola Romeo gegründet. Er hatte das kränkelnde Mailänder Unternehmen Alfa (Anonima Lombarda Fabbrica Automobili) saniert und ihm seinen Namen hinzugefügt: aus Alfa wurde Alfa Romeo. Romeo war lange Zeit Senator.

Er hatte also glänzende Kontakte zu Regierungskreisen. Nach seinem Tod 1938 ging das Unternehmen in den Staatsbesitz über. Jahrzehntelang wurde es von der Holdinggesellschaft IRI geleitet. Die Tagesproduktion des vor allem für seine Rennautomobile berühmten Herstellers betrug 1957 bescheidene 150 Einheiten. Bis in die achtziger Jahre hinein arbeitete das Unternehmen defizitär. Durch eine Orientierung hin zum Massenmarkt und die Einführung einer breiteren Produktpalette (LKW, Omnibusse, Diesel- und Flugzeugmotoren) produzierte Alfa 1984 immerhin 206 926 Einheiten. Die Umsatzzahlen aber waren weiterhin ein Desaster: 1985 verzeichnete die Firma einen Verlust von 345 Millionen Mark. Auch die Ende der sechziger Jahre in der Nähe von Neapel neu gebaute Fabrik hatte Alfa nicht nach vorn gebracht. In dem Werk mit dem Namen Alfasud wurde der gleichnamige Wagen produziert. Er war in Ausstattung und Preisniveau als Massenprodukt angelegt, sollte also ein Auto für den kleinen Mann werden, wurde aber tatsächlich ein Flop. 1984 überlegte Alfa-Präsident Ettore Massacesi, das Werk im Mezzogiorno zu schließen. Die Regierung intervenierte, da sie arbeitsmarktpolitische Interessen damit verband. Immerhin bot Alfasud dem unterentwickelten Süden 29 000 Arbeitsplätze.

1985 spitzte sich die Lage zu. Der Absatz des Staatskonzerns war auf 175 000 Autos gesunken. Über die Hälfte der Kapazitäten lagen brach. Die Produktion musste für zwei Wochen eingestellt werden. Faktisch waren 6 000 der 29 000 Beschäftigten arbeitslos. Sie wurden von der Lohnausgleichskasse der Regierung bezahlt. Am 21. Mai 1986 machte der amerikanische Konzern Ford der italienischen Regierung ein offizielles Angebot. Ford bot an, die Mehrheit des Aktienpaketes zu übernehmen, und versprach im Gegenzug, Alfa zu sanieren, die Jahresproduktion auf 400 000 Autos hochzufahren und dem Autokonzern neue Absatzmöglichkeiten im US-Markt zu eröffnen.

Hatte man sich jahrelang keinen Deut um die kränkelnde Konkurrenz aus Mailand gekümmert, wurde Cesare Romiti plötzlich hellwach. Dem Mann, dem mittlerweile der Ruf vorauseilte, der Rambo der italienischen Wirtschaft zu sein, wurde schnell klar: Ein Engagement des amerikanischen Konkurrenten auf dem italienischen Markt war eine Gefahr für die Hausmacht von FIAT. Als er von dem Angebot der Amerikaner hörte, passierte das, was immer passiert ist, wenn das mächtigste italienische Unternehmen glaubte, in Bedrängnis geraten zu können: Die Konzernspitze kam zusammen und begann ihr Machtgeflecht zu aktivieren. Um den Ford-Deal zum Kippen zu bringen, sah Romitis Strategie vor, erst in einer flammenden Pressekonferenz an die nationalen italienischen Interessen zu appellieren, um so die Politiker dazu zu bewegen, Ford aus dem Deal zu bugsieren. Ein nationales Symbol wie Alfa Romeo dürfe nicht in die USA verkauft werden, so der Appell Romitis. Im zweiten Schritt sollte dann FIAT an Fords Stelle als Retter von Alfa auftreten.

Tatsächlich waren die Ereignisse, die dazu führen sollten, dass FIAT den Zuschlag erhielt, obwohl die Verträge mit Ford schon aufgesetzt waren, undurchsichtig. Hatte man jahrelang keinen Funken Interesse an Alfa gezeigt, begann die Konzernleitung von FIAT plötzlich, die Vorteile eines Joint Venture zwischen FIAT und Alfa Romeo herauszustellen. Der Begriff »Joint Venture« war dabei von besonderer Bedeutung, denn im Gegensatz zu Ford sprach FIAT von einer gleichberechtigten Partnerschaft. Ford hingegen hatte eine Übernahme in Aussicht gestellt, bei welcher der IRI eine zehnprozentige Teilhabe überlassen werden sollte – und die somit auch der italienischen Regierung finanziell reizvoll schien.

In den Hinterzimmern der Macht begann das übliche Schattentheater. Die Dienstreisen der FIAT-Spitzen häuften sich. Agnelli und seine Geheimwaffe Romiti pendelten zwischen Rom und Turin. Die Telefonate wurden hitziger, die Presseerklärungen nebulöser, die Treffen mit Politikern geheimer. Wer was genau sagte und tat, war kaum nachzuvollziehen. Am Ende, nach immerhin fünfmonatigen Verhandlungen, verkündete FIAT im November 1986 überraschend die Übernahme von Alfa Romeo. Um die Geschichte herunterzuspielen, behauptete Gianni Agnelli in der *La Repubblica*, FIAT hätte bloß eine »schwache Provinz annektiert«.

In Wahrheit aber steckte mehr hinter dem Geschäft, recherchierte der Journalist Alan Friedman. Er hat ein Buch geschrieben, das die Hintergründe des Alfa-Deals in einem anderen Licht erscheinen lässt: Die Abwicklung des Handels beschäftigte Jahre später die Europäische Kommission in Brüssel. Die errechnete, dass die Kaufangebote von FIAT und Ford sich kaum voneinander unterschieden hätten – und dass FIAT den Zuschlag erhielt, obwohl erstens das Angebot von FORD schneller und konkreter war und zweitens FIAT einen wesentlich niedrigeren Preis bezahlt hatte, als ursprünglich ausgehandelt. Unabhängig voneinander hatten beide Unternehmen Alfa auf einen Buchwert von rund 1 500 Milliarden Lire taxiert. Bezahlt aber hat FIAT – nach den Berechnungen der Kommission – nur 400 Milliarden Lire. Ein Schnäppchen. Doch den Agnellis und FIAT wurde kein gesetzwidriges Verhalten nachgewiesen.

1989 erreichte FIAT einen nationalen Marktanteil von fast 60 Prozent. Über direkte und indirekte Beteiligungen kontrollierte das Agnelli-Imperium 1988 ein Viertel der gesamten italienischen Börse. Und: Ein Jahr später verdrängte es zudem seinen größten europäischen Konkurrenten von der Spitze, Volkswagen.

Gleichgültig, welches Hindernis sich dem Imperium in den Weg stellte, die Agnelli-Familie hat es früher oder später aus dem Weg geräumt. Die Macht, mit welcher der Clan seine Interessen durchzusetzen vermag, basiert auf einem über Jahrzehnte stetig ausgeweiteten und gleichzeitig eng gestrickten Machtgeflecht.

Macht übt man aus durch die Allianzen, die man eingeht, weil sie den Interessen dienen, die man verfolgt. Die Allianzen, die das Agnelli-Imperium stützen, bestehen aus vielen Verbündeten und Vasallen, die in allen wichtigen Institutionen und Gremien, Lobbys und Logen sitzen und die Säulen der Herrschaft in der italienischen Gesellschaft stellen. Wie jeder andere Staat, besteht auch Italien aus einer Vielzahl verschiedener Machtzentren. Eines davon ist die Familie Agnelli. In dessen Zentrum wiederum sitzt das Oberhaupt Gianni und zieht seine Fäden. Sein wichtigster Verbündeter dabei war lange Zeit ein Mann, der selten in der Öffentlichkeit in Erscheinung trat, kaum Interviews gab und über den nur wenige Fotos kursieren. Er war der Geschäftsführer der lange Zeit einzigen italienischen Handelsbank: Enrico Cuccia, Leiter der Mediobanca mit Sitz in der Via Filodrammatici 10 in Mailand.

Bis zu seinem Tod im Juni 2000 war Cuccia so etwas wie die graue Eminenz der italienischen Finanzwelt. Er wurde am 24. November 1907 in Rom geboren. Seine Eltern stammten aus Sizilien. Er studierte Rechtswissenschaften und trat später in den Angestelltendienst der Staatsholding IRI ein. Dort lernte er seine künftige Ehefrau kennen. 1939 heiratet Cuccia die Tochter von Alberto Beneduce, dem Gründer der IRI. Sie, wie auch ihre beiden Schwestern, trugen eigenwillige Namen: Als Hommage an den Sozialismus nannte Beneduce seine Töchter Vittoria Proletaria und Italia Libera. Cuccias Ehefrau hieß Idea Nuova Socialista Beneduce. Mit Idea hatte Cuccia drei Kinder.

Um die Wirtschaft nach dem Krieg wieder zu beleben, entschieden die Leiter der Italienischen Zentralbank und der IRI-Gruppe 1946, eine Bank zu gründen, die die Vergabe mittelfristiger Kredite an die Industrie abwickeln sollte. Da das italienische Bankgesetz den Großbanken dies nicht erlaubte, wurde die Mediobanca ins Leben gerufen. Die damals einflussreichste Persönlichkeit im italienischen Finanzwesen, der Präsident der Banca Commerciale Italiana Raffaele Mattioli, sprach sich für den eigenwilligen Cuccia als Gründungsdirektor der Mediobanca aus.

Und so kam es auch: Der 38-jährige Finanzjongleur nistete sich in seine Kammer in der Via Filodrammatici ein und begann ein System auszutüfteln, das die Mediobanca nicht nur als Geldgeber der Industrie positionierte, sondern ihr zudem erlaubte, Anteile von Unternehmen zu kaufen, Betriebskapital zu verwalten oder Firmenfusionen zu organisieren. Er brachte die Wirtschafts- und Finanzkapitäne der großen norditalienischen Familien zusammen – und blieb dabei stets deren erste Anlaufstelle bei Finanzfragen. Kaum ein Geschäft größeren Volumens wurde abgeschlossen, ohne dass Cuccia seinen Segen dazu gab.

Auf diese Weise erlangte die Mediobanca eine einzigartige Machtstellung in Italien. Sie wurde Herr und Gebieter über die Kapitalvergabe, mächtiger Teilhaber verschiedener Wirtschaftsunternehmen und war für die großen Industriefamilien des Nordens Garant ihrer Macht: Die Industriesektoren Auto (Agnelli), Chemie (Montecatini), Energie (Edison), Gummi (Pirelli) und Metallurgie (Orlando) entwickelten sich zu den Stützen des Familienkapitalismus, der Familienkapitalismus zur Wirbelsäule der Wirtschaft.

Im Laufe der Jahrzehnte hatte sich um Cuccia ein Club von mächtigen Männern gruppiert, der unter dem Namen *Salotto Buono* (der gute Salon) bekannt wurde. Dazu gehörten etwa Gianni Agnelli, Leopoldo Pirelli und andere Großindustrielle, aber auch Politiker und Lobbyisten. Sie alle gingen in der Via Filodrammatici Nummer 10 ein und aus. Cuccia selbst hingegen zeigte sich nur selten in der Öffentlichkeit. Bei den Eliten, die ihn hofierten, kursierte deswegen der Scherz, Cuccia lebe so zurückgezogen, weil er sogar seinem eigenen Schatten misstraue.

Tatsächlich scherte sich Cuccia nicht viel um das, was andere redeten oder dachten. Er arbeitete, wenn andere Urlaub machten oder Weihnachten feierten. War er zu Hause, was selten vorkam, dann las er lieber Bücher von James Joyce, als fernzusehen, was ihm den Ruf eines Intellektuellen einbrachte.

Der alten Garde um Cuccia, Agnelli, Pirelli und Orlando standen Ende der achtziger Jahre Männern gegenüber wie Silvio Berlusconi, Luciano Benetton oder Carlo De Benedetti. Sie waren die aufstrebenden Wirtschaftspotentaten, die an die Tore der alten Garde hämmerten und mit Vehemenz Einlass in die Machtzirkel forderten. De Benedetti machte 1987 keinen Hehl daraus, dass er es für angebracht hielt, die alte Kaste endlich abzulösen: »Ich versuche doch nicht, Italiens traditionelle Geschäftswelt zum Einsturz zu bringen. Ich brauche sie nicht einzustürzen, weil sie sowieso schon zu einem historischen Monument erstarrt ist. Wir leben in einem Land, in dem bereits eine Menge Monumente herumstehen.«

Eines der Monumente war nach De Benedettis Ansicht auch sein ehemaliger Arbeitgeber Gianni Agnelli. 1989 war der 68 Jahre alt, seit 23 Jahren FIAT-Präsident und hatte auch sonst eine Menge erlebt in seinem Leben. Es gab nicht viele Menschen, denen er vertraute und zu denen er aufschaute. Cuccia aber war zweifellos einer davon. Ihn konsultierte Gianni, wann immer er in der Klemme steckte. Manche meinten, er schaue zu Cuccia auf wie zu einem Vater.

Das Finanzgenie im Staatsdienst half der Agnelli-Gruppe mit Krediten aus, erarbeitete Sanierungskonzepte oder beschaffte Investoren. So zum Beispiel 1976 und 1986. Als FIAT kurz vor dem Konkurs stand, soll Cuccia den Deal mit Oberst Gaddhafi eingefädelt und zehn Jahre später auch dafür gesorgt haben, dass FIAT das Aktienpaket des libyschen Revolutionsführers wieder zurückerhielt. Cuccia trat zwar 1982 im Alter von 75 Jahren als Geschäftsführer der Mediobanca zurück, behielt aber einen Sitz im Vorstand. Seine Macht, Transaktionen wie den Libyen-Deal in die Wege zu leiten, blieb ungebrochen. Cuccia war es auch, der dem FIAT-Chef Cesare Romiti empfahl. Ein Glückstreffer, wie sich herausstellte, denn mit ihm am Ruder fuhr der Agnelli-Clan große Erfolge ein.

Doch Cuccia übte nicht nur Einfluss auf die Geschäfte der Familie Agnelli aus, indirekt beeinflusste er auch Fragen nach der Erbfolge innerhalb des Clans. Als Gianni 1994 von seinem Amt als Präsident abtreten wollte, weil er die Altersgrenze von 75 Jahren erreicht hatte, riet ihm Cuccia angeblich davon ab, seinen jüngeren Bruder Umberto für das Präsidentenamt zu bestimmen. Cuccia soll Umberto für die Position als ungeeignet angesehen haben. Und so war es auch: Umberto blieb – wie schon immer – der Mann in der zweiten Reihe.

Bis zu seinem Tod am 22. Juni 2000 blieb Cuccia nicht nur einer der Dreh- und Angelpunkte der italienischen Finanzwelt, sondern auch der wichtigste Berater der Agnellis und anderer Industriefamilien. Kritiker warfen ihm deswegen vor, er habe durch seine einseitige Finanzpolitik ihm wohl gesonnene Familien jahrzehntelang protegiert und so den Familienkapitalismus zwar gestärkt, das Aufkommen neuer Kräfte damit aber verhindert. Noch lange nach seinem Tod sorgte das »System Cuccia« für Debatten und Diskussionen unter den Wirtschaftexperten des Landes.

Am Morgen des 17. März 2001, knapp ein Jahr nach seiner Beisetzung, wurde das Grab des Finanzgenies auf dem Friedhof Meina am Lago di Maggiore von einer Bediensteten der Cuccias ausgehoben vorgefunden. Der Sarg mitsamt der Leiche war verschwunden. Wenige Tage später erreichte die Familie ein anonymer Brief eines Börsenmaklers. Darin forderte der vermeintliche Entführer, er werde die Leiche erst herausrücken, wenn die Kurse an der Mailänder Börse wieder den Stand von 1999 erreicht hätten. Was wie die Tat eines verwirrten Managers aussah, der Cuccia für seine Misere verantwortlich machen wollte, stellte sich im Nachhinein als der dilettantische Plan von kleinen Ganoven heraus. Wieder einige Tage später erreichte eine Lösegeldforderung über sechs Millionen Schweizer Franken Cuccias Familie. Diesmal war der Brief mit einem Foto der Leiche versehen. Doch die Erpressung scheiterte. Die Bande wurde festgenommen, der Sarg gefunden und zurück in das Familiengrab der Cuccias überführt.

Zum Machtgeflecht der Agnellis gehörten nicht nur einflussreiche Finanzjongleure und Politiker. Das Agnelli-Imperium hat bis heute auch enormen Einfluss auf die Medienindustrie.

Eine in Italien ansässige Korrespondentin berichtet ein wenig polemisch, es vergingen kaum zwei Tage, an denen nicht irgendeine Zeitung, eine Zeitschrift, ein Fernsehsender oder eine Radiostation eine Meldung über die Familie Agnelli lanciere. Das liegt zum einen daran, dass der Agnelli-Clan tatsächlich an Ereignissen beteiligt ist, die häufig von öffentlichem Interesse sind. Zum anderen auch an der Ergebenheit, mit der viele Journalisten sich zu Hofberichterstattern machen lassen. Und zum Dritten an der Tatsache, dass die Agnelli-Gruppe über eine Verschachtelung von Gesellschaften Italiens größter Verleger ist.

Bereits 1992 betrug der Marktanteil der FIAT-Gruppe an der Gesamtauflage der Tagespresse nach Angaben des Mailänder Instituts Accertamento Diffusione Stampa (ADS) 25 Prozent. Der ADS war 1975 auf Betreiben der Verlags- und Werbewirtschaft gegründet worden, um Nachweise der Auflagen in der Presse durchzuführen. Ein ähnliches Bild zeigte sich im gleichen Jahr bei den Anteilen der

Verlagsunternehmen nach Werbeeinnahmen. 35 Prozent aller Werbeeinnahmen entfielen auf die der FIAT-Gruppe zugehörigen Häuser. Dazu zählten Verlage wie Rizzoli, Fabbri oder Bompiani.

Allein drei unter den größten Tageszeitungen Italiens stammen aus den Agnelli-Verlagen. Seit 1925 ist die Familie zu 100 Prozent im Besitz der in Turin erscheinenden Tageszeitung *La Stampa*. Über die indirekte Beteiligung der FIAT-Gruppe an einem der größten Verlage des Landes, RCS Rizzoli, erscheint im Agnelli-Imperium seit 1985 auch die zweitgrößte Tageszeitung, der konservative *Corriere della Sera* aus Mailand. Der Rizzoli-Verlag gibt auch die *Gazetta dello Sport* heraus. Sie ist die größte und populärste Sporttageszeitung Italiens. Für die sportbesessene Familie Agnelli ein nicht nur privat gesehen sinnvoller Besitz. Der familieneigene Fußballclub Juventus Turin ist bis heute der erfolgreichste Verein Italiens. Ferrari dominiert seit Jahren mit dem Deutschen Michael Schumacher die Formel eins.

Auch auf dem Gebiet der Werbewirtschaft ist die FIAT-Gruppe führend. Fast alle Werbeaktivitäten wickelt sie über das firmeneigene Werbeunternehmen Publikompass ab. Die Machtakkumulation in der italienischen Medienlandschaft beschäftigt seit Jahren die Medienwächter. Geändert hat sich bis heute wenig. Seit Anfang der neunziger Jahre zählt neben der Agnelli-Gruppe auch die Fininvest zu den führenden Mediengesellschaften des Landes. Die 1978 gegründete Holding kontrolliert über verschiedene Subholdings Hunderte von Gesellschaften. Das Firmennetzwerk ist seit mehr als zwei Jahrzehnten gewachsen, besser gewuchert. Zu den Aktivitäten im Medienbereich gehören Firmen der Werbe-, Verlags- und Rundfunkwirtschaft. Während die Familie Agnelli die Tagespresse dominiert, ist die Fininvest im Segment der Wochen- und Monatszeitschriften sowie vor allem beim Fernsehgeschäft (Canale 5, Rete 4 und Italia 1) mittlerweile führend. Gründer und bis heute größter Teilhaber der Fininvest ist Silvio Berlusconi. Er ist seit 2001 auch Ministerpräsident Italiens.

Die Energie, mit der sich die FIAT-Gruppe bis Anfang der neunziger Jahre in alle Sphären der italienischen Gesellschaft ausgeweitet

Henry Kissinger und Gianni Agnelli: Freundschaft und Seilschaft fürs Leben.

hat, war durch Gesetzesinitiativen kaum zu bremsen. Wann immer der Staat versuchte, dem Expansionswillen der FIAT-Gruppe Einhalt zu gebieten, wurde vonseiten der Konzernführung zornig zurückgeschossen. Gianni Agnellis liebstes Argument lautete häufig, der Staat verhindere den freien Wettbewerb, weil er durch seine eigenen Unternehmungen abzukassieren versuche.

Schlagabtausche dieser Art sind in Italien an der Tagesordnung. Sie bestimmen die Schlagzeilen der Tagespresse auch heute, genauso wie der Klatsch über Haus und Familie Agnelli: Welcher prominente US-Politiker war gerade zu Gast? Wer aus dem Familienclan heiratet? Wer lässt sich scheiden? Wann und was hat die Familie zuletzt zusammen gespeist? Mit welcher Jacht segelt Gianni an die Côte d'Azur? Und: Badet er eigentlich noch nackt oder in Badehose?

In der konservativen Presse werden auch immer wieder gern die Verdienste und Errungenschaften der Agnellis hochgehalten: bei

Würdenträger unter sich: Papst Johannes Paul II. und Gianni Agnelli, ungekrönter König Italiens.

Industrie- und Erdbewegungsmaschinen, mit Schienen- und landwirtschaftlichen Fahrzeugen, mit Werkzeugmaschinen, in der Stahlproduktion, im Bauwesen, in der Luftfahrt und in der Atomtechnik, in der Energiewirtschaft, in der Kommunikation, im Versicherungswesen, mit Kaufhäusern ... ach ja – und natürlich die Autos. Fragen nach den Waffengeschäften der FIAT-Gruppe stellt in der Presse allerdings kaum jemand. Schlagzeilen über dieses erfolgreiche Geschäftsfeld gab es nie. Das ist verwunderlich: Immerhin war FIAT während der beiden Weltkriege der größte Waffenproduzent des Landes. Noch lange Zeit danach war die Wehrtechnik eines der erfolgreichsten Unternehmenssegmente des Hauses.

Die ehemalige FIAT-Tochter SNIA produzierte einst Textilien, doch 1983 fusionierte sie mit der Raumfahrtfirma BPD Difesa Spazio. Die neu gegründete SNIA-BDP gehört mehrheitlich zu FIAT; ihre

Produktion umfasst seitdem Textilfasern, aber auch Wehr- und Raumfahrttechnik. Im Falklandkrieg zwischen Argentinien und England 1982 stand SNIA-BPD im Verdacht, Minen an die argentinischen Streitkräfte geliefert zu haben. Die britische Regierung war darüber verärgert, war Italien doch Englands europäischer NATO-Partner.

Das Pentagon hatte FIAT ebenfalls längere Zeit unter Verdacht, Waffenlieferung an so genannte Dritte-Welt-Länder zu leisten und so – aus Sicht der Amerikaner – Terroristen zu unterstützen, wie beispielsweise den libyschen Oberst Gaddhafi. Darüber hinaus streckte der US-Geheimdienst CIA seine Fühler aus nach eventuellen Geschäftsaktivitäten zwischen FIAT und der Sowjetunion. Die altbewährte Zusammenarbeit zwischen Ost und West war den US-Regierungsstellen schon immer suspekt.

In den Jahren zwischen 1984 und 1986 soll die FIAT-Gruppe über die SNIA technologisches Know-how zum Bau von Trägersystemen für Atomraketen an Argentinien verkauft haben. Das südamerikanische Land gehörte zu dieser Zeit zu jenen Staaten, die bei der Entwicklung von Atomwaffen weit fortgeschritten waren. Gleichzeitig schlossen die USA, Großbritannien, Frankreich, die Bundesrepublik Deutschland, Japan, Kanada und Italien ein Abkommen, das die Ausfuhr solcher Technologien an bestimmte Länder ausschloss – unter anderem an Argentinien. England fühlte sich erneut brüskiert, denn das Verhältnis des Königreiches zu Argentinien war nach dem Falklandkrieg noch immer angespannt. Die Engländer bemängelten, FIAT schere sich ganz offensichtlich nicht darum, welche Verträge ihre eigene Regierung unterschreibe. Meldungen dieser Art waren in den italienischen Gazetten und TV-Sender Mangelware.

Stattdessen unterstützen die Medien die Mythenbildung der Familie. Einer davon ist der angebliche Kunstsinn, den die Generation Giannis durch ihre Mutter Virginia in die Wiege gelegt bekommen haben soll. In romantisierenden Artikel werden die Agnellis immer wieder mit den großen Förderern der Kunst in der italienischen Geschichte verglichen, den Medici aus Florenz. 1966 hatte Gianni

Agnelli – als Pendant zu den Stiftungen der großen Familien Kennedy und Rockefeller in den USA – zum 100. Geburtstag des FIAT-Gründers die Fondazione Giovanni Agnelli ins Leben gerufen. Eine große Familie wie die Agnellis hätte eine kulturelle Verpflichtung, ließ er damals wissen – obwohl es heißt, Bücher habe der heutige FIAT-Ehrenpräsident nie gern gelesen, außer die von Curzio Malaparte, dem ehemaligen Geliebten seiner Mutter Virginia. Die allerdings soll er verschlungen haben. Seine Schwester Suni ist da von einem anderen Schlag. Und auch Giannis Ehefrau Marella fühlt sich der Kunst sehr verbunden. Sie liebt die Fotografie und die Architektur. Eine gewisse Vorliebe Giannis für die schönen Künste ließ sich nicht verhehlen. Von ihm aber ist auch der Satz überliefert: »Die Intellektuellen langweilen mich zuweilen. Der Fußball hingegen nie.«

Die Fondazione Giovanni Agnelli widmet sich seit ihrer Gründung der so genannten Industriekultur. Die ursprüngliche Idee war, einen Ort zu schaffen, der einen »Dialog zwischen antagonistischen Kräften ermöglicht«, sagte Gianni Agnelli. Die Stiftung sollte daher als Schnittstelle zwischen der Welt der Industrie und den übrigen gesellschaftlich relevanten Bereichen dienen. Ein Meilenstein der Stiftungsarbeit war der Umbau des mittlerweile stillgelegten Lingotto-Werks. Mit Hilfe von Geldgebern aus dem Bank- und Versicherungswesen wurde die alte Fabrikationsstätte in ein Kulturzentrum verwandelt. Dort finden seit Beginn der neunziger Jahre Ausstellungen, Messen und wissenschaftliche Tagungen statt. Eine andere Großinvestition der Stiftung war in den achtziger Jahren die Restaurierung des Palazzo Grassi in Venedig. Die darin, direkt am Canale Grande stattfindenden Ausstellungen gehören seitdem zu den bedeutenden gesellschaftlichen Ereignissen in Italien. Keiner, der Rang und Namen hat, lässt es sich nehmen, die Vernissagen zu besuchen, wenn die Agnellis dazu einladen.

Die wahre Leidenschaft der Männer in der Familie allerdings gehörte immer schon dem Fußball. Jahrelang hatten sie es sich nicht nehmen lassen, das Präsidentenamt des erfolgreichsten italienischen Fußballklubs selbst zu bekleiden. Erst Giovanni I., dann dessen Sohn

Edoardo, später Gianni und dann Umberto. Zu ihren Lebzeiten besuchen die beiden Brüder gemeinsam die Spiele ihrer Mannschaft im Stadio delle Alpi. Über all die Jahre war FIAT dabei stets der Hauptsponsor des Vereins. Die Finanzspritzen des Unternehmens ermöglichten Juve, Stars zu kaufen wie die Franzosen Michel Platini und Zinedine Zidane, die Deutschen Andreas Möller und Jürgen Kohler oder die Italiener Paolo Rossi, Gianluca Vialli und Roberto Baggio.

Zuletzt machte der Verein allerdings Schlagzeilen durch ein spektakuläres Geschäft mit einem alten Bekannten der Familie. Gaddhafis Finanzgesellschaft Lafico (Libyan Arab Foreign Investement Company) übernahm im Januar 2002 für 23 Mio. Euro 5,31 Prozent der Aktiengesellschaft Juventus Turins. 63 Prozent des Klubs hält die Familie Agnelli, drittgrößter Eigner ist Manager Antonio Giraudo, der Rest sind Streuaktien. Der Verein war im Dezember 2001 mit einem Gesamtkapital von 439,94 Mio. Euro an die Börse gegangen.

Einer von Juventus härtesten Konkurrenten ist seit jeher der AC Mailand. Der Spitzenklub ist im Besitz von Silvio Berlusconi. Er hat im Jahr 2001 Gianni Agnelli als reichsten und mächtigsten Mann Italiens abgelöst. Mit einem Vermögen von 12,8 Mrd. US-Dollar wird er in der Forbes-Rangliste der reichsten Männer der Welt im Jahr 2000 auf Rang 35 geführt. Die Agnelli-Familie liegt mit einem Gesamtvermögen von fünf Mrd. US-Dollar auf Platz 92.

Nur ein Jahrzehnt zuvor hatte es für die Agnellis nicht so gut ausgesehen, und 1993 sollte schließlich das dramatischste Jahr in der Nachkriegsgeschichte der FIAT-Gruppe werden. Nach einem Jahrzehnt der Erfolge stürzte die Gewinnkurve rapide ab. 1985 konnte das Unternehmen noch einen Gewinn von 1 326 Mrd. Lire verzeichnen, 1991 fiel der Gewinn erst auf 1 114 Mrd., dann 1992 auf 551 Mrd., um dann im folgenden Jahr ins Minus zu sinken. 1993 gab die FIAT-Gruppe einen Verlust von 1 783 Mrd. Lire an.

Seit 1990 hatte FIAT-Auto starke Verluste auf dem italienischen Markt hinnehmen müssen. Da rund 60 Prozent aller Verkäufe in Italien erfolgten, traf dies das Unternehmen besonders hart. Seit Herbst 1990 kam es zu regelmäßiger Kurzarbeit. 1991 und 1992 produzierte FIAT jeweils über 200 000 PKW weniger als vorgesehen. Im Sommer 1992 sah sich Romiti gezwungen, zwei kleinere Werke mit insgesamt 6 800 Mitarbeitern zu schließen. Ursache für die Krise war der verschärfte Wettbewerb auf dem italienischen Markt. Der US-Hersteller Ford hatte durch eine aggressive Preispolitik die Marktführerschaft von FIAT angegriffen. Zudem gewannen immer mehr Modelle japanischer Marken Freunde unter den italienischen Autofahrern. Die nationale Monopolstellung von FIAT geriet ins Wanken. Die Einbußen, die der Konzern in Italien verbuchen musste, konnte FIAT durch das internationale Geschäft nicht ausgleichen. Doch nicht nur FIAT litt unter der Absatzkrise, der gesamte europäische Markt litt darunter. »Das Fest ist vorbei«, fasste Gianni Agnelli 1993 nüchtern zusammen.

Für sein Unternehmen war das wohl der Fall. Für die Justiz jedoch begann das Fest gerade erst. Jahrelang hatte die Verzahnung von Privat- und Staatswirtschaft in Italien merkwürdige Blüten getrieben. Immer wieder hatte Gianni Agnelli darauf hingewiesen, dass die Verquickung von Privat- und Staatsinteressen schädlich sei für den freien Wettbewerb und ein liberales Wirtschaftssystem. Fakt war, dass die Korruption wie ein bösartiges Geschwür alle Lebensbereiche in Italien längst erfasst hatte – die der Politik und der Wirtschaft sowieso.

Am 17. Februar 1992 flog der Sozialist und Leiter der wohltätigen Stiftung Pio Albergo Trivulzio Mario Chiesa auf, als er ein Schmiergeld in Höhe von 10 000 Mark einstreichen wollte. Jahrelang hatte er von seinen Auftragnehmern eine zehnprozentige Beteiligung für sich einbehalten und sich damit eine einflussreiche Position innerhalb des Mailänder PSI aufgebaut. Als Chiesa von seiner Partei sofort fallen gelassen wurde, packte er gegenüber dem Mailänder Staatanwalt Antonio di Pietro aus. Was anfänglich wie die Einzeltat eines korrupten Kommunalpolitikers aussah, erwies sich bald als der größte Bestechungsskandal in der Nachkriegsgeschichte Italiens. Die Aussagen Chiesas und die daraufhin stattfindenden Untersuchungen di Pietros brachten das Gesamtgefüge des Staates ins Wanken – Minister, Parlamentarier, Funktionäre, Manager, Bankiers: Sie alle gerieten in den Sog der Affäre. Die juristische Aufklärungskampagne ging in die Geschichte ein als *mani pulite*, Aktion saubere Hände.

Jeder in Italien wusste schon immer, wie das System funktionierte, nur offen ausgesprochen hatte es noch niemand: Bei der Vergabe öffentlicher Aufträge bekamen auffällig oft die großen privaten Industriegruppen des Landes und jene mit staatlicher Beteiligung den Zuschlag. Die Untersuchungen des Staatsanwaltes di Pietro bewiesen nun, dass die Firmen Parteien schmierten, um an die von ihnen vergebenen Aufträge zu gelangen. Das Geld diente zum einen der illegalen Parteienfinanzierung. Zum anderen zweigten einzelne Volksvertreter einiges davon für sich ab. Bis zum März 1994 waren gegen insgesamt 447 Parlamentarier Ermittlungen im Gange. Die Bevölkerung hatte den Glauben an ihre politischen Vertreter gänzlich verloren. Die seit Jahrzehnten stets an der Regierung beteiligte DC fiel dabei im Ansehen der Wähler besonders tief. Infolge der Untersuchungen geriet Giulio Andreotti sogar in den Verdacht, Verbindungen zur Mafia gepflegt zu haben. Er wurde erst Jahre später endgültig freigesprochen.

Ein anderes politisches Schwergewicht kam schlechter davon. Der Sozialistenführer Bettino Craxi geriet zunehmend tiefer in die politische Affäre, nachdem die Mailänder Richter Ermittlungsverfahren gegen ihn eingeleitet hatten. Im Januar 1993 trat er als Parteisekretär zurück. Da er sich als Opfer dunkler Machenschaften sah, flüchtete er ins Exil nach Hammamet in Tunesien. Während seiner Abwesenheit wurde Craxi zu acht Jahren Haft verurteilt, obwohl nur wenige Monate vorher die Abgeordnetenkammer noch gegen die Aufhebung der Immunität Craxis votiert hatte.

Dieses Ereignis hatte Craxi noch mit Silvio Berlusconi gefeiert. Craxi galt immer als verschlossener und misstrauischer Mann. Mit Berlusconi aber verband ihn so etwas wie eine Freundschaft. Craxi hatte Berlusconi in den achtziger Jahren bei der Expansion seines Privatsenders gegen den Widerstand einflussreicher Christdemokraten unterstützt. Als Gegenleistung hatte Berlusconi Craxi dienen wollen, indem er in den Jahren 1989 und 1990 versuchte, die Kontrolle des

Bettino Craxi: Der Sozialisten-Chef kam 1992 ins Schwitzen, als er in den Strudel einer landesweiten Korruptionsaffäre geriet.

Verlagshauses Mondadori zu erlangen. Dort erscheinen Italiens größte und linksgerichtete Tageszeitung *La Repubblica* sowie die Nachrichtenmagazine *L'Espresso* und *Panorama*. Diese Presse hatte damals das politische Bündnis Craxis mit Andreotti kritisiert.

Als Regierungschef versuchte Berlusconi 1994, mithilfe seines Justizministers ein Dekret zu erlassen, das ausgewählten Verdächtigen in der Korruptionsaffäre die Untersuchungshaft ersparen sollte – darunter Craxi sowie sein eigener Bruder Paolo. Der war mitsamt dem Berlusconi-Imperium Fininvest in den Strudel des Bestechungsskandals geraten und wurde am 13. Dezember 1994 wegen illegaler Parteispenden an die ehemalige DC zu sieben Monaten Haft verurteilt. Craxi befand sich derweil schon in Tunesien. Von dort bekämpfte er jene, die er für das Komplott gegen sich verantwortlich machte, darunter auch die Christdemokraten. Allerdings ohne großen Erfolg. Craxi starb am 20. Januar 2000 in seinem Exil an Herzversagen.

Die Democrazia Cristiana war schon vorher gestorben. Seit fast 50 Jahren durchgehend an der Macht, erstickte sie nun im Korruptionssumpf. Ein Teil der Partei ging später in dem Politklub von Berlusconis Forza Italia auf.

Am 22. Februar 1993 schwappte die Korruptionsaffäre dann zu FIAT über. Drei Zivilbeamte der Carabinieri klingelten an der Tür des FIAT-Managers Francesco Paolo Mattioli in Turin und hielten ihm einen Haftbefehl vor die Augen. Wegen des Verdachts der illegalen Parteienfinanzierung wurde Mattioli in Polizeigewahrsam genommen. Als er in Handschellen abgeführt wurde, war sein Gesicht tränenüberströmt. Zur gleichen Zeit fuhr eine zweite Patrouille vor das Haus des FIAT-Managers Giorgio Garuzzo. Auch dieser wurde verhaftet. Dann ging es weiter, Schlag auf Schlag: In Turin wurde Antonio Mosconi in Gewahrsam genommen, der ehemalige Geschäftsführer der FIAT-Tochter Cogefar-Impresit und Präsident des Versicherungskonzerns Toro, seit kurzem ein Unternehmen der FIAT-Gruppe. Kurz darauf wurde der Präsident der Finanzholding Gemina festgenommen, Giampiero Pesenti. Die Gemina war ebenfalls eine Tochter von FIAT. Die Ermittlungsrichter rückten immer weiter vor ins Herz der FIAT-Gruppe, bis plötzlich sogar Cesare Romiti in Gefahr geriet, verhaftet zu werden. »Jeder wusste doch von den Schmiergeldzahlungen«, hatte Craxi noch gesagt, als er selbst ins Fadenkreuz der Richter gelangte. Dass nun auch er in den Verdacht geraten würde, damit hatte Romiti nicht gerechnet.

Sofort startet er in der Öffentlichkeit eine Moralkampagne, mit der Romiti versuchte, das schlechte Image, das nicht nur ihm, sondern auch FIAT anhing, abzuschütteln: »Wir haben in den letzten Jahren sehr hart und – ich betone – korrekt dafür gearbeitet, dieses Land voranzubringen. Die Theorien und Spekulationen, die zur Zeit kursieren, diskreditieren nicht nur diejenigen Unternehmer, die ehrlich ihrer Arbeit nachgehen. Sie beleidigen auch die 300 000 Mitarbeiter von FIAT, die weltweit unser Unternehmen repräsentieren.«

Die Staatsanwaltschaft ließ sich nicht von ihrem Kurs abbringen. Sie ermittelte weiter und brachte Romiti derart in Bedrängnis, dass er sich plötzlich bereit erklärte zu kooperieren. Um schlimmeren Schaden von der Muttergesellschaft abzuwenden, setzte sich Romiti am Nachmittag des 21. April 1993 in seinen Hubschrauber und flog von Turin hinüber zum Mailänder Flughafen. Dort angekommen, ging es mit einem Auto durch den dichten Verkehr zur Polizeidirektion. Eine Eskorte folgte ihm mit Blaulicht, in einem der Wagen saß der Staatsanwalt di Pietro. Die Männer zogen sich in einen stillen Raum zurück. Romiti war allein. Er hatte keinen Anwalt bei sich, denn ein Haftbefehl gegen ihn lag zu diesem Zeitpunkt nicht vor.

Romiti gab dem Staatsanwalt eine Erklärung ab, in der er gestand, dass es wohl »unkorrekte Episoden in dem Verhältnis zwischen FIAT und dem politischen System« gegeben habe. Die betroffenen Mitarbeiter seines Unternehmens seien »Männer gewesen, die entweder unwissend oder gezwungenermaßen das Geschäftsgebaren innerhalb des Systems erfüllten«. Romiti persönlich sei sich aber keiner Schuld bewusst. Er habe von den illegalen Zahlungen erst erfahren, als die FIAT-Tochter Cogefar Impresit ins Visier der Ermittler geriet.

Nach drei Stunden war das Gespräch beendet. Romiti kehrte zurück nach Turin und ließ im Unternehmen interne Ermittlungen durchführen. Drei Tage später entschuldigte er in einer Erklärung das Verfehlen der FIAT-Gruppe dadurch, dass sie in einen – wie er sagte – »perversen Strudel« der Korruption geraten sei. Um den Willen der Konzernspitze zur Aufklärung zu belegen, fügte er an, bloß 3,4 Prozent des Gesamtumsatzes der FIAT-Gruppe seien für Schmiergelder verwendet worden. Ab diesem Moment wurde die Angelegenheit zwischen Konzernspitze und Staatsanwaltschaft hinter verschlossenen Türen weiterverhandelt. Die verhafteten FIAT-Manager hingegen mussten ab sofort ihr Schicksal selbst in die Hand nehmen. Sie wurden aus der FIAT-Familie verstoßen.

Woran Italien seit Jahrzehnten immer wieder erkrankt, ist stets die gleiche Malaise: Es ist die Schwäche des Staates, die Gewaltenteilung streng aufrechtzuerhalten. Politiker wirtschaften, Juristen politisie-

Cesare Romiti: 1996 löst er Gianni Agnelli als FIAT-Präsident ab.

ren, Militärs justizieren. Und die so genannte vierte Gewalt, die Presse, macht von allem etwas. Die Regel, die das Zusammenleben in Italien ordnet, ist simpel: Wer die Macht hat, bestimmt.

Natürlich, das mag vielleicht in jedem Land der Welt so sein, Italien aber unterscheidet sich von vielen anderen durch die endlose Toleranz denen gegenüber, die öffentliche Moral immer wieder untergraben. Im Kampf um Macht, Einfluss und Geld ist scheinbar vieles erlaubt – und muss es wohl auch sein, anders kommt man hier scheinbar zu nichts. Das jedenfalls muss Romiti ungefähr gemeint haben, als er das illegale Treiben seiner Manager und anderer Unternehmer entschuldigte. Viele hätten das Bestechungssystem mitgetragen, weil so eben die Spielregeln gewesen seien. In Gesellschaften, in denen es einen unausgesprochenen Konsens über illegale Spielregeln gibt, wird die Gesetzlosigkeit zur Regel und das offizielle Gesetz zur Lüge. Korruption erregt dann nur noch die Gemüter unverbesserlicher Moralisten oder Naivlinge, die standhaft an einem Kodex festhalten, den wiederum andere Moralisten oder Blauäugige irgendwann als Gesetz festgeschrieben hatten. Für all die anderen gehört die Korruption zum Tagesgeschäft. »Der Mensch ist nun mal so, wie er ist«, hat Gianni Agnelli einmal in einem anderen Kontext gesagt. Und wie so häufig hatte er auch damit Recht.

Auch er selbst war so, wie er nun mal war. Von der Arbeit konnte er selbst im stolzen Alter von 70 Jahren nicht lassen, weil er von seinem Pflichtgefühl dazu angetrieben wurde: »Ich habe nie daran gezweifelt, dass ich die Arbeit meines Großvaters weiterführen müsste – ob gut oder schlecht, ich habe mich immer darum bemüht«, erklärte Gianni Agnelli in einem Interview der *Frankfurter Allgemeinen Zeitung* 1997. Genau diese Arbeit war es vielleicht auch, die ihn 1991 zwang, sich einer Bypass-Operation zu unterziehen. Seitdem brachen immer wieder Spekulationen über die Familie herein, wer denn das Erbe des Agnelli-Imperiums übernehmen und weiterführen sollte, wenn Gianni eines Tages nicht mehr sein werde. Genährt wurde diese für die Familie leidige Diskussion durch die von der FIAT-Konzernspitze eingeführte Altersgrenze von 75 Jahren.

Während Gianni Agnelli also mithilfe Enrico Cuccias sein Unternehmen aus der Krise von 1993 langsam herausführte, diskutierte die Öffentlichkeit, wer die Nachfolge antreten könnte: Giannis Bruder Umberto, dessen Sohn Giovannino oder Cesare Romiti? Edoardo, Giannis einziger Sohn, war aus dem Rennen, und die Frauen in der Familie hatten ohnehin nie eine Rolle in der Geschäftswelt der Agnellis gespielt.

Romiti war dabei der Einzige, der kein Familienmitglied war, und das verwunderte Insider ein wenig, hatte Gianni doch immer wieder die Idee des italienischen Familienkapitalismus hochgehalten. »Der Kapitalismus beginnt in der Familie«, sagte er – und belegte das gern nicht nur durch die Erfolge der italienischen Wirtschaft. Auch Familien wie die Rockefellers, die Fords, die Albrechts, die Quandts und die Porsches waren für Agnelli Beweis genug für den Erfolg des Familienprinzips in der Wirtschaft.

In Italien gründete lange Zeit das gesamte wirtschaftliche System auf dem Familienkapitalismus. 1998 waren etwa 60 Prozent aller Unternehmen und 95 Prozent derer mit nicht mehr als neun Angestellten im Besitz von Familien. 85 Prozent dieser Firmen wurden von Patriarchen geleitet. Allein in Venetien, der Lombardei und im Friaul waren etwa 150 000 Familienbetriebe ansässig. In diesen Regionen war die Produktivität doppelt oder gar dreimal so hoch wie in anderen Teilen des Landes. Die Arbeitslosigkeit in den norditalienischen Regionen war gleich null Prozent.

Die Fusion von Familie und Unternehmen hat viele Vorteile. Sie erzeugt im Bewusstsein der Mitglieder eines Clans ein Gefühl der Einheit und der Verantwortung und bietet somit allen Beteiligten Sicherheit und Rentabilität: Die Familie ist die Firma und die Firma ist die Familie. Kein Sohn würde unter diesen Umständen seinen Vater prellen, kein Bruder seine Schwester düpieren, keine Mutter ihre Tochter neppen. Zudem fließen alle Gewinne in die Familienkasse.

Doch auch dieses archaische Prinzip hat Schwächen. Wie eine Seuche überziehen Familienkrisen seit Mitte der neunziger Jahre das Land. Italien verzeichnete 1998 die höchste Scheidungsrate aller Länder der Europäischen Union. In keinem anderen Staat der westlichen Welt wurden im selben Jahr so wenig Kinder geboren. Demografen haben errechnet, dass in fünfzig Jahren Italiens Bevölkerung um 20 Prozent geschrumpft sein wird. 2050 werden demnach nur noch 45 statt wie heute 57 Millionen Menschen in Italien leben. Zudem drohen Generationenkonflikte und Interessenkämpfe innerhalb vieler Familien der Wirtschaft das Rückgrat zu brechen.

Da ist zum Beispiel die Familie Coin – die Kaufhaus-Könige. Piergiorgio war 23 Jahre lang Präsident der venezianischen Coin-Gruppe. Zuletzt wollte ihn sein Bruder Vittorio aus dem Unternehmen werfen, weil ihre jeweiligen Vorstellungen von der Internationalisierung des Konzerns unvereinbar sind. Mithilfe eines Gerichts will Vittorio seinen Bruder Piergiorgio zwingen, dessen Firmenanteile im Wert von 400 Millionen Euro abzugeben.

Da ist zum Beispiel die Familie Veronesi – die Agrarkönige aus Verona. Auf den Höfen der Veronesi werden jeden Tag allein 320 000 Kücken geboren. Der Jahresumsatz der Firma beträgt drei Milliarden Euro. Apollinare Veronesi, 89, hatte vor kurzem seinen drei Söhnen die einzelnen Firmensegmente vermacht: Giordano bekam das Futter, Bruno die Hühner und Carlo die Schinken. Als die drei ihrem Vater nahe legten, das Unternehmen zu modernisieren, um es an die globalisierten Marktbedingungen anzupassen, soll der Alte gesagt haben: »Wenn ihr die Firma an die Börse bringt, steche ich euch die Augen aus.«

Für viele Familien lauert zudem der Feind nicht nur in den eigenen vier Wänden, sondern auch vor der Tür. Viele Patriarchen betrachten die Globalisierung als Bedrohung, weil sie sie dazu zwingt, ihr Unternehmen nach außen zu öffnen. Das aber widerspricht dem Selbstbild vieler Familien und somit auch dem Selbstverständnis ihrer Firmen: Fremde sollen sich aus Angelegenheiten heraushalten, die sie nichts angehen.

Nur wenigen italienischen Familien ist es gelungen, ihr Unternehmen erfolgreich der Globalisierung anzupassen. Die Benettons, vier Brüder und 14 Erben, gehören zweifellos dazu. Sie haben ihr Unternehmensspektrum vergrößert. Für 250 Millionen Euro erwarb die Familienholding 1998 weltweit führende Sportartikelhersteller wie Fila, Rollerblade, Nordica, Killer Loop und Prince. Die Produkte dieser Firmen firmieren jetzt unter der Dachmarke Playlife. Benetton ist heute einer der weltweit größten Anbieter von Sportbekleidung und -ausrüstung. In Italien ist der Konzern mittlerweile die viertgrößte sich in Familienhand befindende Börsengesellschaft. Vor ihr rangieren die Familien Olivetti (Computer), Pirelli (Gummi) und an erster Stelle – die Agnellis.

1995 war Gianni Agnelli 74 Jahre alt. Er begann die Dinge zu regeln, die ein Mann regelt, wenn er spürt, es geht langsam dem Ende zu. Seinen Bruder Umberto hatte er ursprünglich für den Posten des Präsidenten vorgesehen. So sah es auch die genealogische Abfolge vor. Doch ein einflussreicher Mann hatte bereits vor nicht allzu langer Zeit seine Zweifel an den Fähigkeiten Umbertos gehegt: Enrico Cuccia, Ehrenpräsident der Mediobanca, hatte 1993 die Sanierung des Unternehmens angeblich an die Auflage gebunden, dass Gianni den Vorsitz vorübergehend an Romiti abtreten und dann Giovannino 1997 die Leitung der Familien-Holding übertragen sollte. Gianni ließ sich darauf ein. Die kurz zuvor eingeführte Altersgrenze wurde wieder aufgehoben, um Romiti die Besetzung des Sessels des Vorstandsvorsitzenden von FIAT zu ermöglichen. Gianni selbst wollte dann auf jenen des Ehrenpräsidenten rücken.

Bereits 1995 saß Giovannino in den Vorständen des FIAT-Konzerns und der IFI Holding. Er hatte sich dafür qualifiziert, weil er die Umsätze und Gewinne der ihm unterstellten Unternehmen Vespa, Gilera und Puch steigern und sie aus den tiefroten Zahlen befreien konnte. Mittlerweile war Giovannino 31 Jahre alt. Die Tageszeitung *La Repubblica* bezeichnete ihn als »Kaiserlehrling«. Er selbst sah sich aber nur als gewöhnlicher Mensch, der das Glück hatte, in eine besondere Familie hineingeboren worden zu sein.

Er fuhr Motorroller anstatt Auto, trug Turnschuhe der Marke Nike zum Anzug und saß nachts vor seinem Computer, um sein so genanntes »Manifest der Werte« zu verfassen. Ein Büchlein, das er in einem Mitteilungsblättchen für Absolventen der Sant'Anna Universität in Pisa veröffentlichte und Auszüge daraus in einigen Bereichen seines Unternehmens aushängte. »Ein erfolgreiches Unternehmen«, hieß es in einem seiner Merksätze, »lebt in Harmonie mit der Gesellschaft und der Umwelt, in der es arbeitet.« Ein anderer lautete: »Unternehmen müssen Profite machen, mehr noch aber haben sie die Aufgabe, sich in den Dienst der Gesellschaft zu stellen, also Menschen zu helfen, ihre Lebensqualität zu verbessern.« Seine Arbeiter hielten Giovannino für einen korrekten Jungen, eine Verbesserung ihrer mittelmäßigen Arbeitsbedingungen bewirkten die schlauen Sätze ihres jungen Chefs jedoch nicht: Sie klagten darüber, dass unter seiner Führung die Mittagspausen gekürzt, der Sonnabend als Arbeitstag wieder eingeführt und sogar im August durchgearbeitet wurde, während das gesamte Land in den Urlaub ging.

Die Chefs ändern sich eben – und die Zeiten auch. So wäre von der alten Garde der FIAT-Konzernführung niemand jemals auf die Idee gekommen, den amerikanischen Journalisten Alan Friedman zu einer öffentliche FIAT-Veranstaltung als Referenten, geschweige denn als Hauptredner einzuladen. Der hatte 1988 eine ruppige Biografie über Gianni Agnelli, dessen Familie und ihre Geschäfte geschrieben und war mit Kübeln von Klageschriften überhäuft worden. Diesen Mann aber lud Giovannino zur Eröffnung der Fondazione Piaggio ein – und nicht nur das, Friedman sollte als Hauptreferent auftreten. Im April 1996 gab Giovannino dem gleichen Journalisten als Zugabe noch ein Interview, in dem er das italienische Wirtschafts-Establishment aufforderte, endlich die Regeln des freien Marktes zu befolgen, weil so mehr Wettbewerb entstünde und das Vorteile für alle hätte: für Verbraucher, Industrie und Investoren. Zum Establishment zählte Giovannino in dem Gespräch auch seine eigene Familie. Wirklich krumm nahm ihm das niemand. Sie liebte ihn und respektierte seine Sicht der Dinge. Gianni stellte sich darauf ein, dass Romiti bald als Vorstandschef abtreten würde, um seinem Neffen Platz zu machen.

Um die Herausforderungen zu bewältigen, die der europäische Markt an das Unternehmen stellte, fokussierte FIAT sein Know-how auf die Entwicklung eines neuen Bestsellers. So wie einst der Uno sollte nun ein neues Modell den Aufschwung bringen. Der FIAT Punto rollte von den Bändern und erwies sich als die erhoffte Erlösung. Er wurde zum Verkaufsschlager, vor allem im europäischen Ausland, und eroberte für FIAT die zwischenzeitlich verlorenen Marktanteile zurück.

Von einem stürmischen Applaus der Belegschaft begleitet, erreichte am 14. Juli 1994 um 10.20 Uhr die Produktion des Punto die magische Grenze von einer Million Stück. Damit reihte sich das Modell ein in die Riege der erfolgreichsten Wagen des Turiner Autohauses: In den Jahren zwischen 1955 und 1970 verkaufte sich der FIAT 600 2 695 000, der 127er zwischen 1971 und 1983 5 330 000, der Panda seit 1980 3 546 000, der Tipo bis 1988 1 896 000 und der Uno bis 1995 6 244 000 Mal. Und der Punto versprach mehr als alle: Noch nie zuvor hatte in der Geschichte von FIAT ein Auto in so kurzer Zeit die Millionengrenze erreicht.

Kurz darauf folgte der Nachschlag. FIAT überraschte die Konkurrenz mit einem Doppelpack, Bravo und Brava, beide ähnlich im Fabrikat, aber nicht identisch. Der Marketingtrick funktionierte. Bravo und Brava wurden zum »Auto des Jahres 1995« gewählt. Die Erfolgskurve von FIAT in Europa stieg steil an. Die französische Filiale meldete ein Verkaufsplus von 60, die in Großbritannien von 33 und in Spanien sogar von 93 Prozent. Sechs von zehn Autos, die FIAT baute, wurden Mitte der neunziger Jahre im europäischen Ausland verkauft. Und wichtiger noch: In Italien wurden ausländische Konkurrenten wieder zurückgedrängt. Hier erreichte FIAT wieder einen Marktanteil von knapp über 50 Prozent. Die erst kürzlich mit Unterstützung der Mediobanca realisierte Erhöhung des Grundkapitals trug Früchte. Die Gazetten überschlugen sich mit ihren Titelzeilen: »FIAT brüllt wieder«, »FIAT schaltet in den fünften Gang«, »Wenn aus Strategie Profit wird« und: »Agnelli hat FIAT neu erfunden«.

Gerade als sich alles wieder zum Guten zu wenden schien, gerieten Gianni und Umberto Agnelli in einen für sie unverständlichen Erklärungsnotstand. Journalisten drängten sie immer wieder dazu, Stellung zu nehmen zu der zukünftigen Besetzung des Unternehmens. Nun, da FIAT prächtig dastehe, könne Gianni sich ruhigen Gewissens in den endgültigen Ruhestand verabschieden, so das allgemeine Echo – auch das der französischen Zeitung *Le Nouvel Economist*: »Als ich aus dem Krieg zurückkehrte«, antwortete Gianni den Journalisten der Wirtschaftszeitung, »fragte mich Valletta: ›Werden Sie Präsident oder ich?‹ Und ich antwortete ihm: ›Machen Sie es.‹ Genau die gleiche Antwort gab mir mein Neffe Giovannino neulich. Ich aber habe ihm die Tür bereits aufgestoßen und ihm gesagt, er soll sich bereit halten. Nun liegt es an ihm. Die Unterstützung der Familie hat er jedenfalls.« Und Umberto fügte an: »Ich bin sicher, wenn eines Tages für meinen Sohn die Mission Piaggio ausgereizt ist, wird er sich FIAT zuwenden. Er erwartet aber ausdrücklich, dass man ihn ruft, wenn man ihn braucht.« Zudem, bemerkte der Vater, sei die Nachfolge nicht nur eine Familienangelegenheit. Es müssten auch die Aktionäre mitspielen.

Giovannino selbst hatte Spekulationen immer wieder einen Riegel vorgeschoben: Seine Lieblingsantwort auf die bohrenden Fragen der Journalisten, die versuchten, die Familienmitglieder zu widersprüchlichen Aussagen zu bewegen, lautete: »Mein Problem ist es heute, Motorroller zu verkaufen. Morgen schauen wir weiter.« Vielleicht versuchte er auf diese Weise, sich des Druckes zu entledigen, den andere auf ihn ausüben wollten.

Edoardo beobachtete derweil das öffentliche Schlüssellochspiel um seine Familie mit Interesse. Er und Giovannino mochten sich sehr. Etwas wie Neid soll es zwischen ihnen nicht gegeben haben, berichten Freunde der Familie. Er war mittlerweile so gut wie völlig aus dem Fokus der Öffentlichkeit verschwunden. So wie es aussah, sollte sein Lieblingscousin die FIAT-Gruppe bald leiten. Und irgendwie machte er seine Aufgabe ja auch sehr gut, wird wohl auch Edoardo gefunden haben. Am Ende des Jahres kündigte Gianni Agnelli für März 1996 seinen Rückzug an. Dann würde er 75 Jahre alt sein. Wie abgemacht, sollte Romiti ihn dann als Vorstandschef ablösen, der seinerseits dann von Paolo Cantarella als Geschäftsführer ersetzt werden sollte. 1998 sollte dann Giovanni Alberto die Familiengeschäfte übernehmen. So der Plan.

Dann der Schock. Über die Osterfeiertage des Jahres 1997 wurde Giovannino in ein Turiner Krankenhaus eingeliefert. Intensivstation. Kurz darauf wurde er in das Memorial Sloan Kettering Cancer Center nach New York ausgeflogen. Seine Mutter Antonella war bei ihm und auch seine Ehefrau Avery Frances Howe. Mit ihr war er erst seit kurzem verheiratet. Die Ärzte diagnostizierten einen seltenen Magentumor. Die Lage sei ernst, sagten sie, aber der Krebs heilbar.

Kurze Zeit später kehrte Giovannino nach Turin zurück und trat am 13. April 1997 an die Öffentlichkeit. In einem Gespräch mit Journalisten der familieneigenen Tageszeitung *La Stampa* gab er bekannt: »Ich habe Krebs und werde behandelt. Ich will ihn besiegen. Wichtig wird sein, dass ich über den kommenden Sommer hinweg mich gut von der Chemotherapie erhole.« Und dann fügte er noch an, seine Ehefrau Avery sei schwanger. Das Kind werde im September geboren.

Die Familie rückte zusammen. Helfen sollte es Giovannino nicht. Am 10. Dezember 1997 trat er das letzte Mal aus seinem Haus. Die Chemotherapie hatte ihn zerfressen. Abgemagert, in viel zu weiter Kleidung, verließ er die Villa della Mandria in der Nähe von Turin, stieg ins Auto und fuhr in die Stadt. Dort trat an diesem Mittwoch seine Mannschaft in der Champions League an. Eine Wollmütze mit dem Vereinswappen von Juventus Turin bedeckte seinen Kopf.

Drei Tage später versammelte sich die Familie um Giovaninno. Er war geschwächt. Die Therapie hatte ihre Spuren hinterlassen. Sein Vater Umberto, Mutter Antonella und Avery saßen an seinem Bett. In den letzten Tagen hatte ihm der Krebs nach starken Schmerzwellen immer wieder auch kurze Erholungspausen gelassen. Am Tag zuvor schien es sogar, als erhole sich Giovannino vielleicht für längere Zeit. Er spazierte durch den Park, versendete E-Mails von dem Computer aus, den er in dem zuletzt eigens für ihn eingerichteten Zimmer installiert hatte, und führte Gespräche mit seiner Familie. Mutter Antonella war aus den USA angereist und hatte sich in einem Flügel der Villa

Giovanni Alberto mit Gattin Avery Frances Howe: Trauung im November 1996, Geburt der Tochter im September 1997, im Dezember stirbt er.

eingerichtet. Sie war seit längerem von Umberto geschieden. Giovanninos Bruder Andrea war aus Lille in Frankreich gekommen. Dort absolvierte er ein Praktikum. Und dann war da natürlich auch Giovanninos Ehefrau Avery. Sie hatte ihm erst im September ein Mädchen geboren.

Am Sonnabend dann ging es dem Ende zu. Giovannino war zu schwach, um den Gebeten seiner Familie zu folgen. Um 11.30 Uhr, am 13. Dezember 1997, starb Giovanni Alberto Agnelli. Er wurde 33 Jahre alt. Um 13 Uhr folgte das offizielle Pressekommunikee. Es wurde von der Familienholding IFI veröffentlicht. Darin hieß es: »Giovanni Alberto Agnelli ist im Haus seines Vaters an den Folgen eines seltenen Tumors gestorben, gegen den er seit März dieses Jahres gekämpft hat. Seinem Wunsch entsprechend, wird die Beisetzung im engsten Familien- und Freundeskreis stattfinden. Die Familie möchte sich bedanken für die tiefe Anteilnahme, die Giovannino in den letzten Monaten zugekommen ist.«

Nach der Beisetzung zog sich die Familie ins Haus zurück. Allein. Besuche waren nicht erwünscht. Das Anwesen war weiträumig abgesperrt. Eine diskret auftretende Leibwache hielt Fotografen davon ab, sich der Familienvilla zu nähern. Nur wenige Male in der Vergangenheit war die Familie derart vereint wie aus diesem traurigen Anlass.

Die Suche nach einem neuen Erben entwickelte sich zum Sorgenthema einer ganzen Nation. Alle nahmen Anteil am Schmerz der Familie. Die Fernsehkanäle warfen ihre Programme um und sendeten Sonderberichte, als ginge es um Gedeih und Verderb des ganzen Landes. Premierminister Romano Prodi trat vor die Presse und sagte, Giovannino sei ein Vorbild für die italienische Jugend gewesen. Die Zeitungen titelten: »FIAT ohne Führer« und »Ein Königreich ohne Thronfolger«.

Die Familie reagierte nach außen hin pragmatisch, so wie sie es in Krisensituationen immer tat. Am 19. Dezember, sechs Tage nach dem Tod von Giovannino, berief der amtierende Ehrenpräsident von FIAT, Gianni Agnelli, seinen Enkel John Philip Elkann in den Vorstand. Der Sohn seiner Tochter Margherita war zu diesem Zeitpunkt 22 Jahre alt. Als diese Nachricht über die Ticker ging, entfachte sie eine Woge von Spekulationen und Klatsch, die dem jungen, soeben berufenen Nachfolger des Nachfolgers völlig absurd vorkommen musste: War es nicht ohnehin schwer für jeden männlichen Nachkömmling, unter dem Druck leben zu müssen, ein Agnelli zu sein. Die Presse aber drängte zudem den neuen Erben in die Rolle des Propheten – so wie sie es vorher mit Edoardo und Giovannino getan hatte.

Sofort nach der Nominierung begannen Teile der Medien ihre Arbeit. Sie machten sich daran, schon einmal einen neuen Mythos zu konstruieren. Dabei wurden Parallelen zwischen John und Gianni gesucht, die belegen sollten, dass die Legende der Agnellis auch durch das neue Familienoberhaupt weitergetragen werden würde: John stamme zwar nicht aus der direkten männlichen Linie der Agnellis. Dafür sei sein Verhältnis zu Gianni von einer ähnlichen Innigkeit geprägt wie jenes zwischen dem jetzigen Ehrenpräsidenten und dem FIAT-Gründer vor 44 Jahren, hieß es in einer Zeitung. Eine andere glaubte ein Zeichen für den Fortgang des Mythos darin zu sehen, dass auch Giovanni I. seinen Enkel Gianni in den Vorstand berufen hatte, als der 22 Jahre alt war, so wie John also. Eine weitere Parallele sei darin zu erkennen, dass wie das alte Gespann auch das neue die Leidenschaft für den Fußball teile.

Und damit nicht genug: Er verspräche schon deshalb Erfolg, weil auch er eigentlich Giovanni hieße, wie der Gründer und der Ehrenpräsident. John, so ein Fernsehbericht, sei der englische Name für Johannes und der wiederum der hebräische für Giovanni. John Philip Elkann sei eigentlich Giovanni IV.

Mit der eiligen Berufung John Elkanns, der von der Familie nur Iachi genannt wird, wollte die Familie hingegen erstmal nur ein Signal setzen. »John ist jung«, sagte Gianni, »und er hat häufig bewiesen, welches Potenzial er hat. Seine Nominierung soll – nicht nur symbolisch – die Nähe der Familie zu FIAT demonstrieren.«

Die Familie hatte also vor, weiterhin das vitale Herz des Unternehmens zu sein. Daran sollte sich auch in Zukunft nichts ändern. Zu diesem Zeitpunkt verfügte die Familie über ihre Holding noch über 22 Prozent des Konzernkapitals von FIAT. Durch einen Kooperationsvertrag der Familie mit den anderen Großaktionären hatte sie sich eine dominante Stellung im Unternehmen gesichert.

Für Edoardo war der Tod seines geliebten Cousins ein schwerer Schlag. Umso mehr empfand er die schnelle Nominierung John Elkanns gegenüber dem gerade verstorbenen Giovannino als pietätlos. Als er sein Entsetzen nicht mehr bremsen konnte, sagte er Journalisten der linken Tageszeitung *Il Manifesto*: »Die schnelle Wahl John Elkanns ist ein Fehler, und dazu ist die Art, wie und wann sie getroffen wurde, stillos. Teile meiner Familie waren scheinbar eher getrieben von der Motivation, einen Posten neu zu besetzen, als sich dem Gedenken Giovanninos hinzugeben.« Seinen Vater schloss er von der Kritik aus. Angeblich soll der selbst über die schnelle Entscheidung der Familie überrascht gewesen sein. Edoardo zog sich in sein Haus in Villa Bona zurück. Es lag dreihundert Meter entfernt von dem Anwesen seiner Eltern. Familientreffen besuchte er nur noch selten.

John Elkann war ein unbeschriebenes Blatt, als er von seiner Nominierung erfuhr. Nach Schulen in New York und Paris sowie Studienaufenthalten in Großbritannien, Brasilien und Frankreich studierte er seit 1994 Wirtschaftsingenieurwesen an der Hochschule in Turin. Praktische Berufserfahrung hatte er bisher nur 1996 während eines einmonatigen Praktikums in der Scheinwerferfabrik Magneti Marelli in Birmingham sowie 1997 bei FIAT Auto Poland in Polen sammeln können. Er sollte in den nächsten Jahren systematisch zum künftigen Chef des FIAT-Konzerns aufgebaut werden, der 1998 in mehr als 1 000 Firmen in 61 Ländern über 220 000 Mitarbeiter beschäftigte.

Bis John so weit sein würde, sollte Paolo Fresco die Geschäfte übernehmen, nachdem Cesare Romiti kürzlich zurückgetreten war. Fresco war ein alter Bekannter der Familie – Topmanager des US-Energieriesen General Electric und erfahren im Geschäft der Globali-

Gianni und Lapo Elkann: Während der Beisetzung seines Sohnes Edoardo wird der Patriarch von seinem Enkel gestützt.

sierung: Er hatte alles, was ein Mann haben musste, der mit der Familie gut zusammenarbeiten wollte. Fresco wurde neuer Präsident.

Er begann die FIAT S.p.A. den globalisierten Marktbedingungen anzupassen. Kurz nach seinem Amtsantritt Mitte 1998 schloss er bereits zwei Allianzen von internationaler Trageweite. Dabei betrafen beide Fusionen nicht den Autosektor. Die FIAT-Landmaschinentochter New Holland erwarb den US-Hersteller Case und wandelte ihn um in CNH Global NV. Mit ihm avancierte FIAT zum weltweit zweitgrößten Anbieter für Land- und Erdbewegungsmaschinen nach der kanadischen Deere-Gruppe. Der FIAT-Robotertochter Comau gelang mit der Akquisition der nordamerikanischen Pico-Gruppe der Aufstieg zum weltweit größten Anbieter für Kfz-Robotersysteme. Dazu brachte Fresco auch die Tochter Magneti Marelli auf Internationalisierungskurs.

Unter seiner Regie orientierte sich FIAT schnell und erfolgreich zum globalisierten Markt hin. Noch 1990 entfielen 56 Prozent des gesamten FIAT-Umsatzes auf Italien, 36 Prozent auf Westeuropa und neun Prozent auf die übrigen Länder der Welt. Unter Fresco realisierte FIAT 1999 37 Prozent seines Gesamtumsatzes national, 36 Prozent in Westeuropa und 27 Prozent außerhalb der EU. Mit geschätzten 50 Milliarden Euro fuhr FIAT 1999 rund fünf Prozent des gesamten italienischen Bruttoinlandprodukts ein und etwa 0,7 Prozent des BIP Europas. Den 100. Geburtstag feierte FIAT mit stolzen Resultaten.

Trotz der Erfolge von FIAT stellten Wirtschaftexperten bald Prognosen auf, wonach die großen, gefräßigen, multinationalen Autohersteller es auf die kleineren Inhaberkonzerne abgesehen hätten. Der Name Peugeot fiel, der von BMW, und auch FIAT sei ein Übernahmekandidat, hieß es, denn der westliche Markt werde in Zukunft nur noch drei oder vier große Autohersteller vertragen.

Die Prophezeiungen scheinen sich zu bestätigen, als der größte Autobauer der Welt, General Motors (GM), im Januar 2000 seine Fänge nach Turin ausbreitet. Ein Jahr, nachdem die Agnellis mit einer großen Gala den 100. Geburtstag von FIAT gefeiert und nochmals bekräftigt haben, das Unternehmen bleibe unter Familienkontrolle, scheint nun das Ende einer der letzten großen Familiendynastien zu nahen. Die konservative Presse trägt schon einmal Trauerflor, denn sie sieht einen epochalen Wandel des Familienkapitalismus in Italien eingeläutet.

Das Königshaus taumelt. Aber es kippt nicht. Die von vielen erwartete Übernahme FIATs durch General Motors erweist sich als eine Partnerschaft. Die Amerikaner sichern sich 20 Prozent des Aktienpakets von FIAT Auto. Im Gegenzug erhält die FIAT S.p.A. als deren Muttergesellschaft einen Anteil von 5,1 Prozent an General Motors. Aktien im Wert von 2,4 Milliarden US-Dollar wechseln den Besitzer. Auf die übrigen 80 Prozent der Anteile von FIAT Auto hat GM ein Vorkaufsrecht. Die FIAT-Gruppe sichert sich eine so genannte *put-option*, die GM zum Kauf der restlichen Anteile zu Marktpreisen verpflichten würde, falls FIAT dies wünscht. »Für den Fall,

100 Jahre FIAT: Gianni Agnelli bekräftigt 1999 in seiner Jubiläumsrede, das Unternehmen bleibe in Familienhand.

dass sich unsere Erwartungen nicht bestätigen, wollen wir wissen, welchen Tod wir sterben«, erklärt Fresco das Geschäft.

Die Produktion von Motoren und Getrieben von FIAT und GM in Europa und Brasilien werden in einem paritätisch gehaltenen und geführten Unternehmen zusammengefasst. Dieses soll jährlich zehn Milliarden Euro umsetzen. Synergien sollen auch bei der Produktion von Plattformen entstehen. Fahrzeugboden, Radaufhängung, Antriebsteile werden für zukünftige Modelle gemeinsam entwickelt. Die Partnerschaft soll darüber hinaus zu Kosteneinsparungen von bis zu zwei Milliarden US-Dollar führen. Für die FIAT-Gruppe ergibt sich die strategisch aussichtsreiche Position, endlich mit ihren Marken FIAT, Lancia und Alfa Romeo in den US-Markt einzudringen. Denn GM erwägt, FIAT seine Vertriebswege zur Verfügung zu stellen. Dort ist die FIAT-Gruppe mit PKW-Modellen noch nicht vertreten.

Während Beobachtern das Geschäft mit GM wie der Beginn eines auf Raten dosierten Abschieds der FIAT-Gruppe von der Autosparte erscheint, trat Gianni Agnelli vor die Presse. »Ich kann mich nicht mit all den Milliarden auf die Insel Tonga zurückziehen. Ich will arbeiten. Und solange ich lebe, wird FIAT nicht verkauft«, sagte er, eilte hinaus und heckte einen weiteren Deal aus, der alle überraschte.

Gianni Agnelli war im Jahr 2001 80 Jahre alt. Während Paolo Fresco die FIAT-Gruppe zu einem Dienstleistungskonzern umbaute, fädelte Gianni Agnelli die Übernahme von Montedison ein. Ein von der FIAT-Gruppe angeführtes Konsortium sollte die Mediobanca vom Thron des italienischen Mischkonzerns stoßen, um es zu übernehmen, sich von überflüssigen Geschäftsfeldern zu trennen und das Segment Energie weiterzuführen. Agnelli zielte mit dem Geschäft auf die kommende Liberalisierung des europäischen Energiemarktes.

Als die Übernahmeofferte im Juli 2001 publik wurde, glich sie einem Schlag ins Gesicht der Mediobanca. Mit dem Nachfolger von Enrico Cuccia an der Spitze, Vincenzo Maranghi, kontrollierte sie mit 15 Prozent der Gesamtanteile das Mailänder Chemie-Unternehmen. Der Frontalangriff Gianni Agnellis auf seinen ehemaligen

Verbündeten Mediobanca wurde von vielen Experten als Indiz dafür gewertet, dass selbst alte Familienkapitalisten wie Agnelli zur Kehrtwende fähig seien. 2004 war die FIAT S.p.A. noch immer der größte italienische Industriekonzern.

Hätte Gianni Agnelli sich jemals einer Parlamentswahl als Kandidat gestellt, er wäre sicher Ministerpräsident geworden. Er und seine Familie genießen hohes Ansehen in der italienischen Bevölkerung. Trotz aller Affären und Skandale umweht sie der Mythos der ungekrönten Königsfamilie, was unter anderem auch daran liegt, dass die Agnellis im letzten Jahrhundert ihr Machtgeflecht geschickt in alle Sphären der Gesellschaft ausweiten und so an ihrer eigenen Legende stricken konnten. Aber auch an dem ungebrochenen Glauben großer Teile der italienischen Gesellschaft an den *padronismo*. Ein *padrone* ist einer, der Herr oder Herrscher über andere ist – ein Großgrundbesitzer, ein Unternehmer, ein mafioser Clanführer, ein Ministerpräsident – ein Mensch also, der Macht auf sich vereint und über andere verfügen kann. Menschen dieser Kategorie rufen bei vielen Italienern Neid, Respekt oder Verehrung hervor, selten jedoch Liebe oder Gleichgültigkeit. Meist begegnen Italiener einem Menschen, der Macht hat, durch eine ambivalente Haltung, vor allem wenn er Politiker ist wie Silvio Berlusconi. Auch ihn umweht der Mythos von Erfolg und Geld, und wie er so weit kommen konnte, ist vielen Italienern nicht nur ein Rätsel, sondern auch offensichtlich egal.

Sie wählten ihn nach 1994 im Jahr 2001 zum zweiten Mal zu ihrem Ministerpräsidenten, obwohl einige Justizverfahren gegen ihn anhängig waren und bis heute nicht aufgeklärt sind. Auch hatte Berlusconi fast schon auf obszöne Weise Macht auf sich konzentriert. Einen Mann wie ihn also betrachten viele mit Misstrauen, weil Politiker in der italienischen Geschichte sich häufig als Profiteure erwiesen haben.

Aber eben auch mit Hochachtung. Sie machen ihm den Hof und setzen Hoffnungen in einen, der es geschafft hat: Berlusconi gilt als der reichste Mann Italiens. Für nicht wenige war das Grund genug, ihn zu wählen. Die gleichen Leute hätten wahrscheinlich auch Agnelli zum Ministerpräsidenten gemacht, wenn der nur gewollt hätte: Ein Mann, der bereits viel Geld und Macht auf sich konzentriert, legt es nicht darauf an, durch korruptes Handeln noch mehr zu raffen, da er ohnehin gesättigt ist, so glauben viele. Natürlich unterschied Agnelli und Berlusconi mehr, als sie verband. Und das, was sie vereinte, entsprang weniger ihrer innersten Persönlichkeit, sondern resultierte aus ihrer herausragenden Stellung, die sie in der italienischen Gesellschaft einnahmen und im Fall Berlusconi noch einnehmen. Der eine entstammte der alten, der andere der neuen italienischen Machtelite. Beide gelten als Kapitalisten par excellence, die immer wieder eine Gesellschaft freier und dynamischer Unternehmer predigten, frei von politischen Fesseln. Und doch hat der eine immer das verweigert, was der andere heute skrupellos benutzt: Gianni Agnelli hat nie ein öffentliches Amt angenommen und das Politische so schamlos für das Private instrumentalisiert, wie es Berlusconi tut.

Gianni Agnelli hat lange gezögert, als es vor der Wahl im Mai 2001 darum ging, strategische Geschütze in Stellung zu bringen. Er tat es weniger aus ideologischen Gründen. Seine Familie hat sich nie gescheut mit allen und jedem – egal welcher politischen Couleur – ins Gespräch zu kommen, wenn es darum ging, Geschäfte und Politik zu machen. Vielmehr ging es ihm darum, erzählt man sich, seine eigenen Interessen im Vorwege zu sichern, bevor er seinen Segen zur Nominierung Berlusconis gab.

Da unterscheidet sich die »Königsfamilie« Agnelli aus dem weltmännischen Piemont nicht von einer Bauernfamilie aus dem provinziellen Kalabrien. Nach dem Ideal des Familiarismus funktioniert eben ein ganzes Land. Die Grundlage dafür bilden Clans, Lobbys, Gruppen. Jeder hier ist sich selbst der Erste. Erst dann kommen die anderen dort draußen. Nach diesem Ideal kämpfen die Agnellis nun seit über einem Jahrhundert in erster Linie für ihre eigenen Interessen und erst dann für die Interessen des Landes. Verübeln tut ihnen das niemand, genauso wie es keiner Berlusconi krumm nimmt, wenn er seine Privatinteressen mit denen seines politischen Amtes vermischt.

Wichtig ist nur, dass für alle genug abfällt, dann verübelt es einem niemand, öffentliche Schlachten zu schlagen, die privaten Interessen dienen.

Dienstagmorgen, 15. Oktober 2002: Beginn einer Reihe dramatischer Ereignisse, die nicht nur FIAT, sondern auch die Familie verändern werden.

Es ist der Tag, an dem Gianni Agnelli eines seiner letzten Gefechte führen wird. Drei Monate später stirbt er im Alter von 81 Jahren in Turin. Sein Bruder Umberto führt die Geschäfte weiter – doch auch nur für 15 Monate. Im Alter von 69 Jahren erliegt Umberto am 27. Mai 2004 einem Krebsleiden. Die Frauen der Familie übernehmen das Ruder. Ein FIAT-Chef muss gehen. Ein Freund der Familie ersetzt ihn. Und ein junger Erbe betritt die Bühne.

An diesem Herbsttag setzt sich Gianni Agnelli von seinem Bett auf, schlüpft in seinen Morgenmantel, nimmt seine Gattin Marella an die Hand und lässt sich ins Bad, dann zu dem Wandschrank führen. Er kleidet sich in einen Seidenanzug, nimmt seinen Stock und verlässt nach einem spärlichen Frühstück seine Residenz in Villar Perosa. Begleitet von seiner Leibgarde steigt Agnelli in einen Lancia Thesis und lässt sich in die Unternehmenszentrale nach Turin fahren. Das Treiben der Konzernspitze, durch die das 103-jährige Familienwerk FIAT demontiert zu werden scheint, kann der Ehrenpräsident nicht mehr mit ansehen.

Er hat es vielleicht in den Zeitungen gelesen, niemand wettet zur Zeit einen Cent darauf, dass der Industriekapitän das Ruder für FIAT noch herumreißen kann. Die Autosparte des größten Industriekonzerns Italiens steht vor der schwersten Krise der letzten Jahrzehnte. Misswirtschaft und eine falsche Modellpolitik haben in den letzten Jahren dazu geführt, dass nun rund 8 000 Mitarbeiter entlassen werden und die Werke in Termini Imerese bei Palermo und Mirafiori in Turin geschlossen werden sollen.

In den betroffenen Fabriken verschränken die Arbeiter ihre Arme. Sie streiken. Ausgerechnet Agnellis alter Rivale, Silvio Berlusconi, schwingt sich auf, Retter von FIAT zu werden. Die Regierung des Ministerpräsidenten erwägt dem Unternehmen zu helfen. Sogar von einer Beteiligung des Staates ist die Rede. »Nun beginnt das übliche Schattentheater, das in Italien immer dann einsetzt, wenn es das Fell eines Bären zu verteilen gibt«, sagt eine Arbeiterin des Stammwerkes Mirafiori, die seit 25 Jahren für FIAT tätig ist, in einem TV-Interview.

Während dieser Turbulenzen, die sich monatelang hinziehen, verschlimmert sich der Gesundheitszustand Agnellis. Am Morgen des 24. Januar 2003 geht diese Meldung über die Ticker: Gianni Agnelli ist an den Folgen seines Prostatakrebses gestorben. Es folgen Sondersendungen des Fernsehens, Sonderbeilagen der Tageszeitungen und eine öffentliche Trauerfeier, bei der sich 150 000 Menschen von Gianni Agnelli verabschieden, dessen Sarg im Lingotto-Werk aufgebahrt ist. Nur eine Stunde später versammelt sich die Familie, um seinen Nachfolger zu ernennen: Umberto Agnelli, der Mann, der stets im Schatten seines großen Bruders stand.

Rückblick. Ein schwarzweißes Familienfoto von 1960: Gianni sitzt in einem teuren Anzug auf einer Steinmauer im Stadion von Rom anlässlich der Eröffnung der Olympischen Spiele. Er fixiert sein Waffeleis, das er in der rechten Hand hält, als stünde die Zukunft in der Eiskugel geschrieben. Er hat seiner Ehefrau Marella die rechte Schulter zugewandt. Neben ihm sitzt Umberto, links von Umberto dessen Ehefrau Antonella. Außer Gianni sind also noch drei andere Menschen auf dem Foto. Gianni aber ist ein Bild für sich.

Umberto hält wie Gianni auch ein Eis in der Hand. Trägt einen ebenso teuren Anzug wie sein Bruder und ebenso edle Schuhe. Auch Umberto beachtet seine Frau nicht, die ihm zugewandt ist (ebenso wie Marella sich zu ihrem Ehemann Gianni hinwendet). Und doch gibt Umberto ein völlig anderes Bild ab als Gianni. Seine Beine baumeln herunter wie die eines Schuljungen. Sein Blick ist auf das Eis des großen Bruders gerichtet. Sein zweifelnder Blick verrät, was er denkt: Was sieht Gianni in dem Eis, was ich nicht sehe?

Dieses Foto spiegelt das Verhältnis zwischen den Agnelli-Brüdern perfekt wieder. Der ältere war Zeit seines Lebens der Visionär, der Patriarch, der Truppenführer. Ein Mann, den Kriegsverletzungen, Autounfälle und Familientragödien nie aufhielten, Dinge wahr zu machen, die er für richtig hielt. Der jüngere war einfach der Jüngere. Ein Gefolgsmann seines Bruders und ein Familiensoldat. Gianni und Umberto waren zwei der wenigen Männer des FIAT-Clans, der ansonsten reich an weiblichen Familienmitgliedern war: Gianni stand dem Unternehmen und der Familie vor. Umberto ging in der Familienholding seiner Pflicht nach. Gianni trug Sportstiefel zum Anzug und die Uhr über dem Ärmelbund seines Hemdes. Umberto kleidete sich lieber in dezentem Dunkelblau. Gianni mochte die Amalfiküste, Umberto die italienischen Christdemokraten. Gianni gönnte sich Glamour. Umberto übte Zurückhaltung. Selbst als Gianni 1996 als Präsident von FIAT zurücktrat und mit Cesare Romiti einen Manager einsetzte, der nicht zur Familie gehörte, hielt Umberto aus Loyalität still.

In den letzten 15 Monaten seines Lebens aber sollte Umberto, der schüchterne Jurist, beweisen, dass er das Zeug zu einem würdigen Chef der Agnelli-Dynastie hatte.

Gemeinsam mit seinem neuen Vorstandschef Giuseppe Morchio setzte er mit der Übernahme der Geschäfte einen radikalen Kurswechsel durch. Langsam führte er FIAT wieder aus der Talsohle. Er konzentrierte sich auf das, was FIAT am besten kann: Autos bauen. Er verbesserte die prekäre Finanzlage des Konzerns und infizierte Unternehmensführung und Belegschaft mit seiner Aufbruchstimmung, die für die künftige Existenz des Konzerns weit wichtiger werden könnte als die Sanierung der Finanzen.

Mit Umbertos Ernennung zum Präsidenten haben die Agnellis gezeigt, dass sie sich in Zukunft nicht damit zufrieden geben werden, bloß eine symbolische Rolle im FIAT-Kosmos einzunehmen. Sie bekräftigen dies erneut, als auch Umberto stirbt. Die Frauen der Familie treten nun in den Vordergrund: Nicht Giuseppe Morchio wird, wie von den meisten Experten erwartet, zum neuen Präsidenten von FIAT ernannt. Nach Umbertos Tod hatte er der Familie erklärt, er würde keinen anderen Präsidenten akzeptieren außer sich selbst. Einen einzelnen, allzu mächtigen Mann bei FIAT aber wollten die Frauen wiederum nicht hinnehmen. Sie präferierten eine Aufteilung der Mächte: Morchio als operativen Chef, Luca di Montezemolo als Kontrollinstanz. Doch das Verhältnis des Ferrari-Chefs di Montezemolo zu Morchia sei recht angespannt, kursierte das Gerücht unter Journalisten. Mit di Montezemolo setzten die Agnelli-Frauen einen langjährigen Freund des Hauses als neuen Präsidenten durch. Morchio nahm daraufhin seinen Hut.

Die Ernennung di Montezemolos wird in Expertenkreisen als Sieg und später als Durchbruch der Agnelli-Damen gewertet. Seit Jahrzehnten ist der Industrielle ein enger Freund und Vertrauter der Familie. Von ihm wird erwartet, mit Klarsicht, aber auch im engen Dialog mit den Eliten des Landes in Wirtschaft, Politik und Gewerkschaften, das Unternehmen endgültig aus der Krise zu führen. Zeitgleich wird di Montezemolo auch zum Präsident der Confindustria gewählt.

Ihm zur Seite platziert die Familie John Philip Elkann. Der 28-jährige Sohn von Giovanni Agnellis Tochter Margherita soll – noch auf Wunsch seines Großvaters – die Geschicke der Dynastie bestimmen. Giovanni hatte ihn bereits 1998 in den Aufsichtsrat berufen, um ihn auf diese Aufgabe vorzubereiten. Seine Sporen hatte sich Elkann bei Magneti Marelli in Birmingham, bei FIAT Auto in Tichy, Polen, danach bei General Electric in Frankreich, Japan, USA, Spanien und Irland verdient, bevor er 2002 wieder in die Zentrale nach Turin wechselte, wo er unter anderem später in enger Zusammenarbeit mit Morchio die unternehmensinternen Reformen vorantrieb.

Von der US-Zeitschrift *Time* ist er kürzlich zu einem der zwanzig einflussreichsten jungen Männer und Frauen der Welt ernannt worden. Er hat die Titelseite des amerikanischen *Global Business Influentials* geschmückt, der Zeitschrift, die über die wichtigsten Persönlichkeiten der Wirtschaft berichtet. Elkann ist der einzige italienische Manager, der in einem Atemzug genannt wird mit Nachwuchskräften wie James und Lachlan Murdoch (den Söhnen des

Medienmoguls Rupert Murdoch), Aerin Lauder (der Enkelin der Kosmetikpionierin Estée), Charlie Bell (dem Präsidenten von McDonald's) und Ken Kurtagi (dem Präsidenten von Sony).

Mit seiner Ernennung zum Vizepräsidenten von FIAT hat John Philip Elkann eine große Aufgabe übernommen. Er muss nicht nur dazu beitragen, FIAT aus der Krise zu führen. Seine größte Herausforderung wird sein, dem Vergleich mit seinem Großvater standzuhalten.

Epilog

In der Geschäftswelt und in der Politik geht man ständig wechselnde Bündnisse und Allianzen ein. Bei einer Familie ist das anders. Die Familie verfolgt einen ein ganzes Leben lang.

Im Sommer 2000 zwingt sich Edoardo zu einer Diät, weil er viel Gewicht zugelegt hat. Seine Depressionen lässt er durch einen Psychotherapeuten behandeln. Der Familie ist sein Seelenzustand bekannt. Es heißt, sie hätte eine Leibwache für ihn abgestellt. Sicher ist sicher. Jahrelang hatte Edoardo versucht, das richtige Leben im falschen zu finden. Meist war er auf seiner Suche allein geblieben. Er war nicht verheiratet. Vor langer Zeit einmal hatte er eine Freundin gehabt, eine junge Frau aus der gehobenen Turiner Gesellschaft. Eine Aristokratin. Liebe wurde daraus nicht.

Als sich im Laufe seiner Jugend die Türen der Familie eine nach der anderen vor seinen Augen schließen, zieht er sich zurück in sein eigenes Universum. Er hat sich eine Welt aus lauter Ismen gebaut: Spiritualismus, Mystizismus, Buddhismus, Katholizismus, Kommunismus. Kein Kapitalismus. Über die Jahre verdunkelt sich sein Leben zunehmend. Edoardos Verhältnis zu seinem Vater und seiner Familie bleibt gestört, bis zu jenem traumhaften Morgen, als der Junior erwacht, aufsteht und vor die Tür seiner Villa in der Nähe von Turin schreitet. Mit seinem Pyjama am Leib steigt er in den FIAT Croma. Später wird sich die Familie wundern, warum niemand im Haus etwas mitbekommen hat von dem frühmorgendlichen Ausflug des Erben im Schlafanzug. Auch die Leibwache nicht.

Auf der Autobahn führt Edoardo von seinem Mobiltelefon aus

noch einige Gespräche. Das letzte mit seinem Vater. Es ist sein letztes Lebenszeichen. Dann fährt er seinem Ende entgegen.

Zeittafel

1830
Geburt von Edoardo Agnelli, Vater des FIAT-Gründers Giovanni.

1860
Garibaldis »Zug der Tausend«.

1861
Vittorio Emanuele II. wird Oberhaupt des Königreichs Italiens.

1865
Nach Turin wird Florenz Hauptstadt.

1866
Geburt von Giovanni Agnelli.

1871
Rom wird Hauptstadt Italiens.

1889
Giovanni Agnelli wird als Oberleutnant aus der Militärakademie in Modena entlassen.

1892
Geburt von Edoardo, Sohn von Giovanni und Clara Boselli.

1895
Giovanni Agnelli wird Bürgermeister seines Heimatdorfes Villar Perosa.

1899
Giovanni Agnelli gründet mit Partnern die Societá per la costruzione e il commercio delle automobili – Torino. Kurze Zeit später nennen sie ihr Unternehmen um in Fabbrica Italiana Automobili Torino – kurz: FIAT.

1903
Das erste Modell von FIAT geht vom Band. Es heißt Typ A.

1906
Bei FIAT werden 1 146 Autos produziert. Über 1 500 Arbeiter sind in dem Unternehmen beschäftigt.

1908
Giovanni Agnelli muss den Chef-Posten von FIAT vorübergehend räumen, weil die Turiner Staatsanwaltschaft ihn der Fälschung der Unternehmensbilanzen verdächtigt. Später wird er in allen Punkten freigesprochen.

1911
Italien marschiert in Libyen ein.

1914
Der Erste Weltkrieg beginnt. 1 976 italienische Fabrikanlagen sind an der Produktion von Rüstungs- und Kriegsgütern beteiligt, darunter auch FIAT. Die Mitarbeiterzahl des Turiner Unternehmens verzehnfacht sich in der Zeit zwischen 1914 und 1918. Von 4 000 schnellt die Zahl der Mitarbeiter auf 40 500.

1917
Die Inflation treibt die Preise in die Höhe, die Arbeiter streiken. Im selben Jahr nehmen an 443 Streiks 168 000 Arbeiter teil.

1919
Benito Mussolini gründet die Fasci di Combattimento, die ersten faschistischen Kampfverbände.

1920
Geburt von Clara, erstes von insgesamt sieben Kindern aus der Ehe von Edoardo Agnelli und Virginia Bourbon. Im selben Jahr nehmen rund 500 000 Arbeiter an Fabrikbesetzungen teil. Vor allem die Automobilwerke Turins sind von den Okkupationen betroffen. Zeitgleich gründet sich der Unternehmerverband Confindustria.

1921
Geburt von Gianni. Im selben Jahr werden der Partito Comunista Italiano (PCI) und der Partito Nazionale Fascista (PNF) gegründet.

1922
Geburt von Susanna. Marsch auf Rom. Mussolini wird von König Vittorio Emanuele III. zum Regierungschef ernannt.

1923
Mussolinis erster Besuch in den FIAT-Werken.

1924
Über 24 000 Autos laufen von den FIAT-Bändern. Sozialistenführer Giacomo Matteotti wird entführt und ermordet.

1925
Geburt von Maria Sole. FIAT produziert seinen ersten Kleinwagen, den 509. Die Familie erwirbt die Tageszeitung *La Stampa*. Mussolini übernimmt die Verantwortung für Matteottis Tod.

1927
Geburt von Cristiana.

1929
Geburt von Giorgio. Beginn der Weltwirtschaftskrise, 300 000 arbeitslose Italiener. Drei Jahre später werden es über eine Million sein.
FIAT hat sich zum führenden Industrieunternehmen Italiens entwickelt.

1933
Gründung des Istituto per la Ricostruzione Industriale (IRI).

1934
Geburt von Umberto.

1935
Edoardo Agnelli stirbt nach einem Flugzeugunglück. Italien überfällt Äthiopien und wird vom Völkerbund zum Aggressor erklärt.

1936
FIAT präsentiert den 500, genannt Topolino.

1938
Rom und Berlin unterzeichnen den Stahlpakt.

1939
Deutschland überfällt Polen. Der Zweite Weltkrieg beginnt. FIAT eröffnet das Werk Mirafiori.

1940
Italien tritt in den Krieg ein. FIAT beschäftigt 70 000 Mitarbeiter.

1942
Gründung der Democrazia Cristiana (DC).

1943
Gründung des Partito Socialista Italiano (PSI).
Arbeiterstreiks zahlreicher Unternehmen im Norden Italiens.

1944
Bedeutungszuwachs der Resistenza, italienische Partisanen bekämpfen faschistische und deutsche Truppen. Gründung der linken Gewerkschaft CGIL.

1945
Mussolini erlässt Haftbefehl gegen Giovanni Agnelli und Vittorio Valletta. Mussolini wird gefangen genommen und hingerichtet. Kapitulation der deutschen Streitkräfte. Das italienische Befreiungskomitee beschlagnahmt FIAT, gibt es aber kurze Zeit später wieder in die Hände Vallettas zurück.

1945
Im November erliegt Virginia Bourbon den Folgen eines Autounfalls.
Im Dezember stirbt Giovanni Agnelli I.

1946
In einem Referendum spricht sich die Mehrheit der italienischen Bevölkerung für eine Republik aus. Am 18. Juni wird die Republik Italien ausgerufen. De Gasperi (DC) wird erster Ministerpräsident der neuen Republik. Gründung des neofaschistischen MSI.

1946
Vittorio Valletta führt die Geschäfte von FIAT. Gianni übernimmt den Vorsitz der Kugellagerfabrik RIV und von Juventus Turin.

1948
Anschlag auf Kommunistenführer Palmiro Togliatti. Arbeiter besetzen die FIAT-Werke. Sieg der Christdemokraten bei den Parlamentswahlen.

1949
Politik der Westintegration durch die Regierung De Gasperi. Landbesetzungen und Agrarreform. Zehnjahresprogramm zur wirtschaftlichen Entwicklung Italiens.

1950
Gründung des christdemokratisch orientierten Gewerkschaftsbund CISL.

1952
Gianni Agnelli überlebt einen schweren Autounfall nur knapp. Sein rechtes Bein ist seitdem lädiert. Der FIAT-Ingenieur Erio Codeca wird von rebellierenden Arbeitern ermordet.
Geburt von Edoardo, Sohn von Gianni Agnelli und Marella di Caracciolo di Castagneto.

1955
Aufnahme Italiens in die UNO.

1957
Unterzeichung der Römischen Verträge (EWG; Euratom).

1963
Gianni wird Geschäftsführer von FIAT. Ministerpräsident Aldo Moro leitet bis 1968 drei Mitte-Links-Koalitionen unter Einbeziehung des PSI.

1964
Geburt von Giovanni Alberto, Sohn von Umberto Agnelli und Antonella Bechi Piaggio.

1965
Giorgio Agnelli stirbt nach langer Krankheit in der Schweiz.

1966
FIAT beschäftigt 137 000 Mitarbeiter. Über eine Million Menschen sind direkt oder indirekt von FIAT abhängig. FIAT baut das umstrittene Werk in Togliattigrad in Russland.

1967
Valletta stirbt in Pietrasanta bei Lucca. Gianni wird Präsident von FIAT. Sein Bruder Umberto Vizepräsident. Erste Studentenunruhen.

1969
Beginn des »Heißen Herbstes«. Massenstreiks. Neofaschistischer Anschlag auf die Piazza Fontana in Mailand.

1971
Das Spionagesystem von FIAT wird aufgedeckt. Es existierte seit 1917.

1973
Arbeiter bringen durch Waffengewalt das FIAT-Werk Mirafiori in ihre Hand. PCI-Chef Enrico Berlinguer plädiert für den »Historischen Kompromiss«.

1974
Gianni wird Vorsitzender der Confindustria.

1975
70 000 FIAT-Beschäftigte sind in Kurzarbeit.

1976
Der libysche Revolutionsführer Oberst Muhammad Gaddhafi wird Großaktionär von FIAT.

1978
Entführung und Ermordung von Aldo Moro durch die Roten Brigaden. Die Regierung Andreotti beschließt Notstandsmaßnahmen zur Bekämpfung des Terrorismus.

1979
Mit 140 000 Beschäftigten ist FIAT Italiens größter Arbeitgeber. Gründung der FIAT Auto S.p.A. Sie vereint die zur Familienholding gehörenden Autohersteller FIAT, Lancia, Autobianchi, Abarth und Ferrari.

1980
Attentat durch Rechtsextremisten auf den Hauptbahnhof von Bologna.

1984
Präsentation des FIAT Uno.

1986
Die Regierung billigt die Privatisierung und den Verkauf des Automobilunternehmens Alfa Romeo an FIAT.

1992
Verhaftung von Mario Chiesa. Beginn der Aktion *mani pulite.*

1993
FIAT-Manager geraten in den Strudel der nationalen Korruptionsaffäre.
Susanna Agnelli bewirbt sich um den Bügermeisterposten in Rom.

1994
Silvio Berlusconi (Forza Italia) wird zum ersten Mal Ministerpräsident.

1995
Susanna Agnelli wird Außenministerin. Giovannino wird in die Vorstandsetage von FIAT berufen. Es beginnt der Prozess gegen Giulio Andreotti wegen des Ver-

dachts der Komplizenschaft zur Mafia. Die FIAT-Modelle Brava und Bravo werden zum »Auto des Jahres« gekürt.

1996
Vorstandschef Cesare Romiti löst Gianni Agnelli als FIAT-Präsidenten ab. Agnelli wird Ehrenpräsident. Die rechtsextremistische Lega Nord beginnt ihre Kampagne für die Unabhängigkeit Padaniens.

1996
Romano Prodi (Olivenbündnis) wird mit der Regierungsbildung beauftragt.

1997
Giovanni Alberto Agnelli stirbt. Gianni Agnelli beruft seinen Enkel John Elkann in den FIAT-Vorstand.

1998
Paolo Fresco wird Präsident von FIAT.

1999
100 Jahre FIAT. Gianni Agnelli bekräftigt, ein Verkauf von FIAT sei nicht geplant. Das Unternehmen bleibe in Familienhand.

2000
Edoardo Agnelli begeht Selbstmord. General Motors und FIAT willigen in eine Überkreuzbeteiligung ein. Fresco baut FIAT zunehmend zu einem Dienstleistungsunternehmen um.

2001
Gianni Agnelli wird 80 Jahre alt. Gemeinsam mit dem französischen Stromkonzern EDF übernimmt FIAT den italienischen Energiekonzern Montedison. Silvio Berlusconi (Forza Italia) wird zum zweiten Mal Ministerpräsident.

2003
Gianni Agnelli stirbt. Sein Bruder Umberto wird Präsident des FIAT-Konzerns, Vorstandschef wird Giuseppe Morchio.

2004
Umberto Agnelli stirbt. Neuer Präsident von FIAT wird Ferrari-Chef Luca di Montezemolo, ein enger Freund der Familie. Ihm zur Seite steht Giannis Enkel John Philip Elkan.

Register

Kursive Seitenzahlen verweisen auf Abbildungen.

Literatur und Archive

Agnelli, Susanna: *Wir trugen immer Matrosenkleider,* Piper, München/Zürich 1992

Arlacchi, Pino: *Mafiose Ethik und der Geist des Kapitalismus,* Cooperative Verlag, Frankfurt 1989

Bariato, Piero: *Valletta,* Utet, Torino 1971

Biagi, Enzo: *Il signor Fiat,* Rizzoli, Milano 1976

Castronovo, Valerio: *L'industria italiana dall'ottocento a oggi,* Mondadori, Milano 2000

Feltrinelli, Carlo: *Senior Service – Das Leben meines Vaters,* Carl Hanser, München 2001

Friedman, Alan: *Tutto in famiglia,* Longanesi, Milano, 1988

Friedman, Alan: *Agnelli – Das Gesicht der Macht,* Wilhelm Heyne Verlag, München 1989

Galli Giancarlo: *Gli Agnelli – Una dinastia, un impero 1899–1999,* Arnoldo Mondadori Editori, 1999

Galli, Giorgio: *Staatsgeschäfte. Affären, Skandale, Verschwörungen: Das unterirdische Italien 1943–1990,* Europäische Verlagsanstalt, Hamburg 1994

Jappa, Anselm: *Schade um Italien!,* Hans Magnus Enzensberger (Hg.), Eichborn Verlag, Frankfurt am Main, 1997

Melograni, Pietro: *Gli industriali e Mussolini,* Longanesi, Mailand 1971

Montanelli, Indro: *Le nuove Stanze,* Rizzoli, Milano 2001

Novelli, Diego: *Spionaggio Fiat,* Editori Riuniti, Roma 1974

Ori, Angiolo Silvio: *Storia di una dinastia – Gli Agnelli e la FIAT,* Editori Riuniti, Roma 1996

Palotta, Gino: *Gli Agnelli, una dinastia italiana.* Newton Compton 1987

Pietra, Italo: *I tre Agnelli.* Garzanti, Milano 1985

Pochna, Marie-France: *L'irrestistibile,* Sperling & Kupfer, Mailand 1990

Reinhardt, Volker: *Die großen Familien Italiens,* Alfred Kröner Verlag, Stuttgart 1992

Rossanda, Rossana; Mosca, Carla: *Mario Moretti. Brigate Rosse – Eine italienische Geschichte,* Verlag Libertäre Assoziation, Hamburg 1996

Scalfari, Eugenio; Turani, Giuseppe: *Razza padrona.* Feltrinelli, Milano 1974

Corriere della Sera; *Gazzetta dello Sport*; *Il Manifesto*; *L'Espresso*; Bibliothek des Vatikans; Bibliothek der Universität Bologna; *Wall Paper Journal*; *New York Times*; Hamburger Weltwirtschaftsarchiv; *Der Spiegel*; Gruner & Jahr Verlag; Schwarzmarkt, Hamburg

Dank

Mein Dank gilt den Mitarbeitern der Verlage und Archive, die mich geduldig und generös bei meiner Arbeit unterstützt haben. Den freundschaftlich verbundenen Journalisten in Deutschland und Italien für Hinweise, Kontakte und Telefonnummern. Und nicht zuletzt auch der Familie Agnelli, ohne deren Existenz es dieses Buch nicht gäbe.

Sempre vicino: Asha e Jamila. Salvatore, Nicoletta e Michele. Dina, Grazia, Franco, Teresa, Riccardo, Antonio, Antonietta, Gianni e Sabina. Oscar, Christel e Nadja. Marco Tardelli. Diego, Muhammad e Bob.

Vito Avantario Hamburg, 9. Mai 2002

Bildnachweise

Die angegebenen Ziffern beziehen sich auf die Seiten, auf denen die Bilder platziert sind.

dpa Frankfurt
35, 87, 102 f., 127, 142, 149, 153, 168, 173, 184 f., 191, 203, 207, 209

FIAT Automobil AG/Presseabteilung, Frankfurt
48, 74, 194

Süddeutscher Verlag/DIZ Bilderdienst, München
12

www.mondadori.it
69

Ullstein Bilderdienst
26, 107, 111, 113, 130

Stammbaum A

- ***Edoardo II.** (1892–1935)* ⚭ *Virginia Bourbon del Monte di San Faustino*
  - *Clara (1920)* ⚭ *Tassilo Fürstenberg* ⚭ *Giovanni Nuvoletti*
    - *Ira Fürstenberg* ⚭ *Alfons von Hohenlohe*
      - *Cristhof*, *Hubertus*
    - *Eduard Egon Fürstenberg* ⚭ *Diane Halfin*
      - *Alessandro*, *Tatiana*
    - *Sebastiano Fürstenberg* ⚭ *Elisabetta Guarnati*
      - *Virginia*
  - ***Giovanni II.** (1921-2003)* ⚭ *Marella Caracciolo di Castagneto*
    - *Edoardo*
    - *Margherita* ⚭ *Alain Elkann*
      - *John Philip*, *Lapo*, *Ginevra*
    - ⚭ *Serge de Pahlen*
      - *Pietro*, *Maria*, *Anna*, *Sofia*
  - *Susanna (1922)* ⚭ *Urbano Rattazzi*
    - *Ilaria Rattazzi* ⚭ *Egidio Zampolli*
      - *Marella*, *Martina*
    - *Samaritana Rattazi* ⚭ *Vittorio Sermonti* ⚭ *Giancarlo Renda*
      - *Pietro*, *Anna*
    - *Cristiano Rattazzi* ⚭ *Sonia del Carril*
      - *Alexia*, *Urbano*, *Manuela*
  - …
    - *Virginia Campello* ⚭ *Giuseppe Dalla Chiesa*
      - *Giacinta*, *Benedetto*

oardo I. (18??–1871) ⚭ *Aniceta Frisetti*

ovanni I. (1866–1945) ⚭ *Clara Boselli*

Aniceta detta »Tina« ⚭ *Carlo Nasi* ***(siehe Stammbaum B)***

aria Sole (1925) ⚭ *Ranieri Campello della Spina*
Pio Teodorani Fabbri

Cristiana (1927) ⚭ *Brando Brandolino d'Adda*

Giorgio (1929–1965)

Umberto (1934-2004) ⚭ *Antonella Bechi Piaggio*
⚭ *Allegra Caracciolo di Castagneto*

Giovanni Alberto (1964–1997) ⚭ *Avery Howe*

Andrea
Anna

Argenta Campello ⚭ *Gian tonio Bertoli*
Sara
Alice
Evelina

Cinzia Campello ⚭ *Leopoldo Torlonia*
Maria Sole
Emanuela

Bernadino Campello ⚭ *Sonia Raule*
⚭ *Francesca Rizzo*
Tancredi

Eduardo Teodorani Fabbri

Ruy Brandolini ⚭ *orgina de Faucigny*
Cornelia
Bianca

Leonello Brandolini ⚭ *Maria Brandolini*
Xenia

Numo Brandolini

Brandino Brandolini ⚭ *Marie de la Baurnelle*

Delfina Rattazzi ⚭ *Carlo Scognamiglio*
Filippo
Thea

Lupo Rattazzi ⚭ *Isabel Lanza*

Priscilla Rattazzi ⚭ *Alex Ponti*
⚭ *Claus Mohlmann*
⚭ *Christopher Whittle*
Maximilian

Stammbaum B

Edoardo II. *(1892–1935)*
⚭
Virginia Bourbon del Monte di San Faustino (1869–1946)
(siehe Stammbaum A)

Clara Nasi ⚭ *Luca Ferrero Ventimiglia*

- *Emanuele Ferrero Ventimiglia* ⚭ *Marina Cavalli d'Olivola*
  - *Lucrezia*
  - *Luca*
- *Edoardo Ferrero Ventimiglia* ⚭ *Giovanna Turi* ⚭ *Elisabeth Brand*
  - *Ilaria*
  - *Clemente*
  - *Ferrante*
  - *Matteo*

Laura Nasi ⚭ *Giancarlo Camerana*

- *Vittorio Camerana* ⚭ *Christine Lang* ⚭ *Sibilla Antonelli*
  - *Giancarlo*
  - *Lorenzo*
  - *Sofia*
  - *Nicolo*
- *Cristina Camerana* ⚭ *Alberto Marone Cinazano*
  - *Noemi*
  - *Francesco*
  - *Enrico*
- *Carlo Camerana* ⚭ *Anna Bozza* ⚭ *Antonella Carnelli de Micheli*
  - *Andrea*
  - *Beatrice*

Giovanni Nasi ⚭ *Marinella Wolf*

- *Andrea Nasi* ⚭ *Daniela Remmert* ⚭ *Ellen Downey*
  - *Allegra*
  - *Alessandro*
  - *Giovanni*
  - *Livia*
- *Tiziana Nasi* ⚭ *Giancarlo Busse*
  - *Margherita*
  - *Giovanni Sebastia*

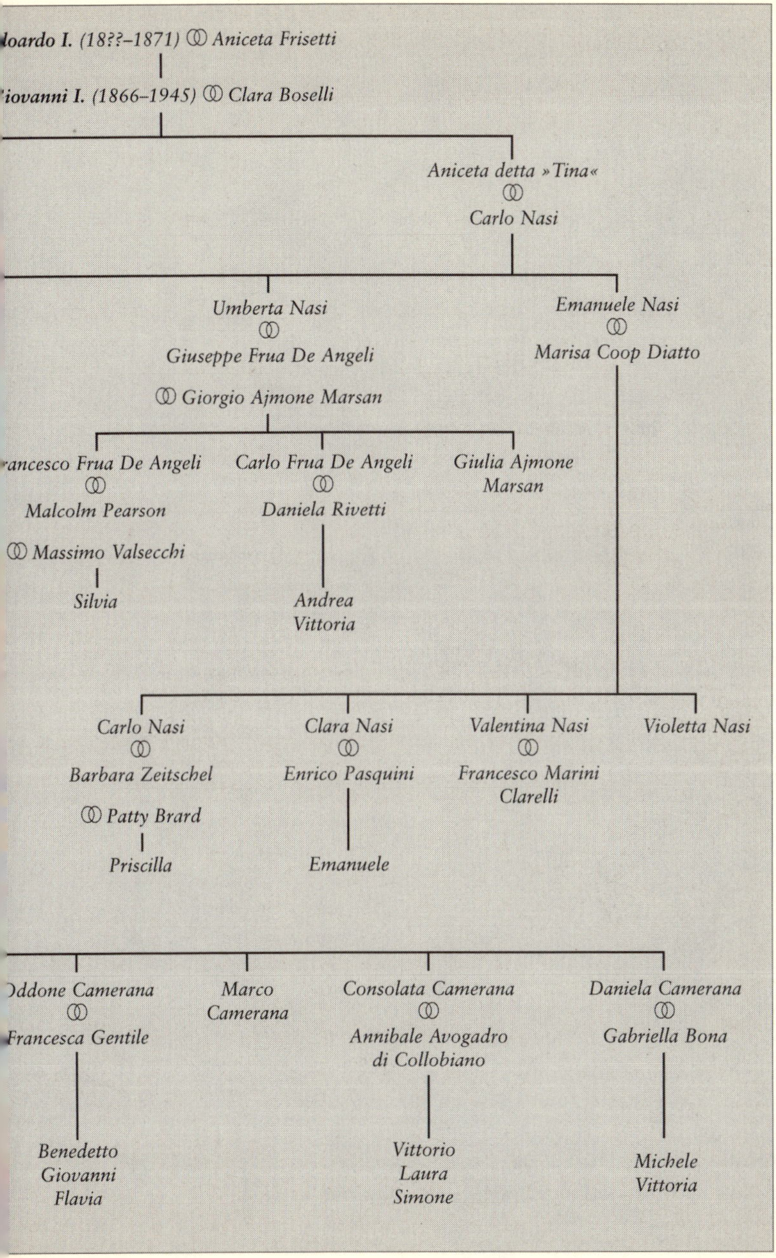
doardo I. (18??–1871) ⚭ Aniceta Frisetti
iovanni I. (1866–1945) ⚭ Clara Boselli
Aniceta detta »Tina«
⚭
Carlo Nasi
Umberta Nasi
⚭
Giuseppe Frua De Angeli
⚭ Giorgio Ajmone Marsan
Emanuele Nasi
⚭
Marisa Coop Diatto
ancesco Frua De Angeli
⚭
Malcolm Pearson
⚭ Massimo Valsecchi
Silvia
Carlo Frua De Angeli
⚭
Daniela Rivetti
Andrea
Vittoria
Giulia Ajmone
Marsan
Carlo Nasi
⚭
Barbara Zeitschel
⚭ Patty Brard
Priscilla
Clara Nasi
⚭
Enrico Pasquini
Emanuele
Valentina Nasi
⚭
Francesco Marini
Clarelli
Violetta Nasi
ddone Camerana
⚭
Francesca Gentile
Benedetto
Giovanni
Flavia
Marco
Camerana
Consolata Camerana
⚭
Annibale Avogadro
di Collobiano
Vittorio
Laura
Simone
Daniela Camerana
⚭
Gabriella Bona
Michele
Vittoria